人間工学の基礎

石光 俊介・佐藤 秀紀

養賢堂

ま え が き

ものづくりの現場に変化が生じている．これまでは最新機能をうたったハイテク機器が市場を席巻し，ものづくりの現場は新しい技術の取り入れに躍起になってきた．しかし，近年は，快適で使いやすい人間尊重の機器開発・労働環境，つまり，「人間工学」に基づいた技術開発にシフトしてきている．

本内容は，過去に金沢大学（機械工学類人間機械コース）にて開講され，現在広島市立大学（情報科学部 システム工学科）にて開講されている「人間工学」に概略基づいている．本書の構成は，以下の内容となっている．

1. 人間工学序論
2. 人間工学のアプローチ
3. 人体の仕組み
4. 人間の形態・運動機能特性と設計
5. 人間の感覚・反応特性と設計
6. ヒューマンエラーと信頼性設計
7. 官能検査と感性工学
8. 自動車と人間工学
9. 高齢者・障害者と人間工学
10. ユニバーサルデザイン

この講義では毎回学生にレポートを書かせて，優秀な（というか読んで面白い）レポートは次の時間冒頭に発表し，学生たちの人間工学的視点を研磨することも狙いとしている．たとえば，「便利で不便なもの」という課題を出し，それに対して学生が人間工学的視点からスマートフォンの機能やドアの寸法，機械の設計などの企画を考える．奇抜なレポートはお互いの楽しみである．

高度技術化社会，超高齢社会，人間尊重社会の中での機械の設計には，「使いやすさ」を追求する人間工学的な視点は重要かつ不可欠であり，本書が読者の機械設計の一助になることを願っている．

2018 年 5 月　著者

目　　次

まえがき i

Lecture.1　人間工学序論　　　　　　　　　　　　　　　　　　　1

1.1　はじめに 1
1.2　人間工学とは 3
1.3　人間工学的設計と課題例 4
　　1.3.1　ユニバーサルデザイン／4
　　1.3.2　「暮しの手帖」／4

1.4　人間工学の歴史 5
1.5　人間工学の領域と関連分野 6
　　1.5.1　領　　域／6
　　1.5.2　関連分野／6

　　参考文献 7

Lecture.2　人間工学のアプローチ　　　　　　　　　　　　　　　9

2.1　人間工学のアプローチ 9
2.2　人間工学の視点 10
　　2.2.1　マンマシン・インタフェース的視点／10
　　2.2.2　分野的視点／11
　　2.2.3　レベル的視点／12

2.3　計　　測 13
　　2.3.1　生体計測／13
　　2.3.2　心理計測／14
　　2.3.3　作業計測／14

iii

目　次

　　参 考 文 献 14

Lecture.3　人体の仕組み　　　　　　　15

　3.1　人間の諸器官 15
　3.2　運 動 器 系 16
　3.3　感 覚 器 系 16
　　　3.3.1　視　　覚／16
　　　3.3.2　聴　　覚／19
　　　3.3.3　視覚と聴覚の連携／24

　3.4　神　経　系 26
　　　3.4.1　中枢神経と末梢神経／26
　　　3.4.2　情 動 情 報／30
　　　3.4.3　心拍変動解析／30
　　　3.4.4　脳情報の計測／34

　　参 考 文 献 36

Lecture.4　人間の形態・運動機能特性と設計　　　39

　4.1　身 体 寸 法 39
　4.2　身体寸法と設備寸法 43
　4.3　姿勢と疲労 49
　4.4　椅子の人間工学 53
　4.5　運動機能と作業域 55
　　　4.5.1　運 動 機 能／55
　　　4.5.2　作 業 域／59

　4.6　操作器の設計 61
　　参 考 文 献 67

Lecture.5　人間の感覚・反応特性と設計　　　69

　5.1　視覚システム 69
　　　5.1.1　視覚に関する条件／69
　　　5.1.2　視 覚 特 性／70

iv

目　次

5.1.3　色に対する物理と生理・心理／76

5.2　聴覚システム 79

5.2.1　聴覚表示器／79

5.2.2　報知音音量の不快レベル／81

5.3　皮膚応答システム 82

5.4　振動応答システム 84

5.5　神経システム 86

5.5.1　反応処理プロセスと反応時間／86

5.5.2　情報量と反応時間／89

5.5.3　計数反応時間／90

5.5.4　注意と反応時間／91

5.5.5　反応時間に影響を及ぼす要因／92

参 考 文 献 95

Lecture.6　ヒューマンエラーと信頼性設計　　97

6.1　ヒューマンエラーとその対策 97

6.1.1　ヒューマンエラー／97

6.1.2　ヒューマンエラーの要因／99

6.1.3　ヒューマンエラーの防止策／102

6.2　信頼性設計 106

6.2.1　システムの信頼性／106

6.2.2　信頼性設計／111

6.2.3　システムの安全性分析／113

参 考 文 献 116

Lecture.7　官能評価と感性工学　　117

7.1　官 能 評 価 117

7.1.1　官能評価とは／117

7.1.2　心理的検査と SD 法／118

7.1.3　官能評価の機械化／122

v

目　次

7.2　感 性 工 学 123

　　7.2.1　感性工学とは／123

　　7.2.2　ボタン押し音によるデザイン要素と因子分析の関連づけ／123

　　7.2.3　ゴルフショット音によるデザイン要素と因子分析の関連づけ／126

参 考 文 献 129

Lecture.8　自動車と人間工学　　　131

8.1　自動車の役割・効用と課題 131

　　8.1.1　自動車の役割・効用と課題／131

　　8.1.2　交 通 事 故／132

8.2　安 全 技 術 133

8.3　快適性と性能 136

8.4　今後の自動車技術——自動運転 139

参 考 文 献 140

Lecture.9　高齢者・障害者と人間工学　　　141

9.1　超高齢社会 141

9.2　高齢者の特性 143

9.3　障害をもつ人への技術的支援 149

9.4　障害者支援情報機器システム 150

参 考 文 献 150

Lecture.10　ユニバーサルデザイン　　　151

10.1　より多様な人々への対応を目指して 151

　　10.1.1　ノーマライゼーション（normalization）：〔福祉施策〕／152

　　10.1.2　バリアフリー（barrier free）：〔空間的施策〕／152

　　10.1.3　ユニバーサルデザイン（universal design）／152

　　10.1.4　共用品・共用サービス／152

　　10.1.5　アクセシブルデザイン／153

　　10.1.6　インクルーシブデザイン／153

10.2　ユニバーサルデザイン普及の背景・意義 153

vi

目　次

10.3 ユニバーサルデザインの原則 154

10.4 ユニバーサルデザインの手法 155

10.5 ユニバーサルデザインの例 157

10.5.1　誰にでも公平に利用できること／157

10.5.2　使ううえで自由度が高いこと／157

10.5.3　使い方が簡単ですぐわかること，必要な情報がすぐに理解できること／157

10.5.4　うっかりミスや危険につながらないデザインであること／157

10.5.5　無理な姿勢をとることなく，少ない力でも楽に使用できること／157

10.5.6　アクセスしやすいスペースと寸法／158

参 考 文 献 158

あ と が き　　　　　　　　159

索　　引　　　　　　　　161

vii

Lecture.1 人間工学序論

1.1 はじめに

　まず，人間と機械の歴史的関係とその影響を考えていくことにする．地球には 46 億年の歴史がある．**図 1.1** に，地球の歴史を 1 年に縮めたものを示す．元旦（46 億年前）に地球が誕生したとして，3 月下旬（35 億年前）に生命が誕生する．それから恐竜が発生したのは 12 月 12 日（2 億 3000 万年前）で，それから恐竜の時代は 1 億 6500 万年続くことになる．クリスマスの 12 月 25 日（6500 万年前）に恐竜は滅亡し，人類が誕生したのは大晦日の 16 時 30 分（400 万年前）である．そして文明が発生した 6000 年前は 23 時 59 分 20 秒ということで，地球の歴史から見ればほんのわずかな時間に人類は地球環境を変えてきたことになる．

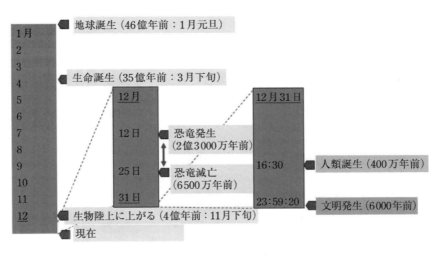

図 1.1　地球の歴史

Lecture.1　人間工学序論

　そのわずかな時間である自然と人間と機械の歴史について図 1.2 に示す．人間は，その生存のため，豊かさの確保のため，科学技術を発展させ，様々な機械を生み出してきた．その結果，人間は地球上の覇者となり，生活は便利になった．しかし一方，高度技術化社会の弊害も生じるようになってきた．また，自然界の資源は枯渇し，環境破壊を進ませることになった．

　さて，**高度技術化社会**の弊害とは何か．以下の点への危惧が挙げられるであろう．

- 機械（効率，性能）中心
- 人間機能の低下
- 労働・生活における人間疎外（モノが優位，人間関係の希薄化）
- 技術中心主義と技術無関心主義（専門家と非専門家）の二局化
- 技術不適応人間の増大
- 社会秩序，リスク管理の安定性低下

　近年は，人工知能が注目を集めている．**自動運転技術**は，その便利さで自動車会社の技術力をアピールしているようにしか見えないかも知れないが，この波及効果は大きい．その一技術は，社会インフラを変え，産業構造を変え，生き方すら変える可能性がある．Google というネット産業が自動運転技術に乗り

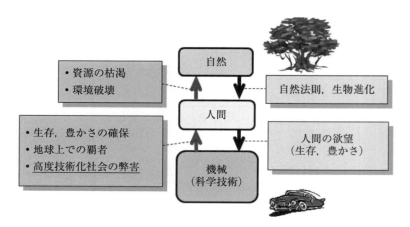

図 1.2　自然と人間と機械の歴史

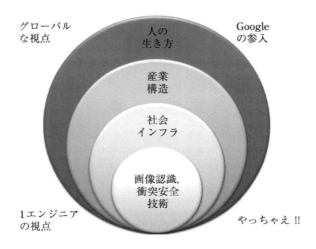

図 1.3　自動運転技術の波及

出してきたのは，そのような大きな視点もあると考えられる．

高度技術化は，最終的には人の生き方に影響を及ぼすのである（**図 1.3**）[1]．言い換えれば，技術は広い視点として「人の生き方」から見ていかなければならないともいえる．

1.2　人間工学とは

さて，自然と機械と人間との関係を見てきたが，本書で扱う「**人間工学**」とは，人間が関係する機械・用具，作業，環境などを人間にとって作業しやすく，使いやすいものに設計・改善するための工学である．まさに，機械の設計には重要な視点といえる．

ここで，「**使いやすさ**」を評価する際には，操作性，快適性，利便性，誤りにくい，疲労軽減，安全性，信頼性，保守性を考慮しなければいけない．さらに，前述のように広い視点として，共用性，社会性，人間性の観点からも考慮していかなければならない．

Lecture.1 人間工学序論

1.3 人間工学的設計と課題例

では,本書で扱う人間工学的設計と課題例について少し見ていくことにする.

1.3.1 ユニバーサルデザイン

ユニバーサルデザインの「ユニバーサル」は,「普遍的な,全体の」という意味である.つまり,「すべての人のためのデザイン」ということになる.年齢や障害の有無などにかかわらず,最初からできるだけ多くの人が利用可能であるようにデザインすることが**ユニバーサルデザイン**である.

たとえば,堺市の大泉緑地には腰ぐらいの高さの花壇があり,車いすの方も花のにおいをかいだり触れたりすることができる.健常者の方も,かがむ必要がなく,楽に鑑賞を楽しむことができる.

シャンプーとコンディショナーのキャップや側面にも工夫が見られる.シャンプーのほうには凹凸がつけられており,触れるだけで,どちらがシャンプーで,どちらがコンディショナーか を識別することができる.視覚障害の方はもちろん,健常者も目に泡が入らないように手探りでそれらを探すときには,その特性を役立てることができる.

また,ドライブなどでパーキングエリアやサービスエリアに立ち寄ってみると,ここでもユニバーサルデザインを感じることができる.洗面台が3段階に高さが異なっており,子供からスポーツ選手まで対応可能である.自販機も,飲みもの選択ボタンが別に低い位置についているものもあり,車いすや子供にも対応できるようになってきている.このような自販機は,商品や おつり の取出し口も高い位置についており,健常者も楽に取り出すことができる.

これらのユニバーサルデザインは,超高齢社会を迎えて,今後ますます重要化してくる.2003年には,国際ユニバーサルデザイン協議会も発足し,その思想を国内市場の活性化だけでなく,国際競争力の向上につなげようという動きもある.

1.3.2 「暮しの手帖」

さて,使いやすさから始まりユニバーサルデザインまで話を進めてきたが,

4

使いやすさを究める話が 2016 年 9 月まで放送されていた NHK 連続テレビ小説「とと姉ちゃん」で取り上げられていた．日本で初めて利用者の立場に立って商品テストを始めた「暮しの手帖」という雑誌である．**商品テスト**は，昭和 29 年から始まった．それは，生活者の側に立って提案や長期間・長時間の商品使用実験を行い，その結果を詳細に掲載するというユニークな雑誌で，中立性を守るため，企業広告を一切載せないという方針があった．商品テストも，家庭内での使われ方を基本に素人に徹し，時間と手間をかけて行われた．どびんやミシン，魚焼き網，セーター毛糸，フライパン，ベビーカーなど多岐にのぼる．トースターのテストでは，43088 枚食パンを焼いてテストしている．その中から，「使いやすさ」という人間工学を追究したのであった．

1.4 人間工学の歴史

人間工学の歴史には大きく二つの流れがある．すなわち，アメリカとヨーロッパである[2]．

アメリカでは，Human engineering もしくは Human factors（engineering）と呼ばれ，システムの中の人間的要素が研究されている．まず「作業能率向上」が着目された．第一次世界大戦頃，工場経営上の問題からである．次に，第二次世界大戦頃，軍事上の必然性から「機器の操作性向上」に視点が移った．戦後，大量生産や宇宙ロケットの時代に入ってからは，「システム工学的最適化」へと移っていった．1957 年には，Human Factors Society が設立され，1992 年，Human Factors and Ergonomics Society に変遷している．

ヨーロッパでは ergonomics と呼ばれ，ギリシャ語の ergo（仕事）＋ nomos（正常化，管理）に由来する．ドイツでは，arbeitswissenshaft，労働科学が注目され，人間労働の適性化が研究されてきた．19 世紀から 20 世紀初頭にかけて作業心理学，産業精神工学が発展し，第一次世界大戦中には労働生理研究所にて研究が進められた．イギリスでは，第一次世界大戦中 産業疲労調査局が中心となり，1919 年に産業心理学研究所が設立され，それらが 1950 年に Ergonomics Research Society of Great Britain へと発展した．

日本では，1920 年に松本亦太郎が Human engineering の考え方をアメリカか

Lecture.1 　人間工学序論

ら紹介し，第一次世界大戦中には心理学的研究が発展する．1921 年には，その流れで「人間工学」を田中寛一が著した．一方，労働者の負担軽減の考え方から倉敷労働科学研究所が大原孫三郎らにより設立される．

　1964 年には，日本人間工学会（Japan Ergonomics Society）が設立された．これは，国際エルゴノミクス協会（International Ergonomics Association）設立の 4 年後のことである．

1.5　人間工学の領域と関連分野

1.5.1　領　　域

人間工学が扱う領域を以下に示す．

① **用具の設計・改善**
　　機械（自動車，航空機，工作機械，家庭電化製品など）
　　器具（工具，文具，家具など）
　　設備（工場，防災設備，住居，都市計画など）
　　被服（衣服，靴など）

② **作業の設計・改善**
　　姿勢，方法，作業量，用具の選択，管理・運用

③ **環境の設計・改善**
　　温湿度，照明，色彩，音響，振動など

1.5.2　関 連 分 野

人間工学の関連分野を以下に示す．
- 医学：労働医学，環境衛生学，生理学
- 工学：システム工学，安全工学，経営工学，感性工学，信頼性工学
- 心理学：実験心理学，応用心理学，産業心理学

参 考 文 献

1) 泉田良輔：Google vs トヨタ「自動運転車」は始まりにすぎない，KADOKAWA/中経出版 (2014).
2) 浅居喜代治 編：現代人間工学概論，オーム社 (1980).

Lecture.2　人間工学のアプローチ

2.1　人間工学のアプローチ

図 2.1 に，用具の改善設計のフローを示す．この中で，重要といえるのが**機能配分**である [1], [2]．人間と機械の適切な機能配分をどのように考えるかが，人間工学のアプローチでは重要となる．

たとえば，自動車を例にとって考えると，人間の機能を自動車が代替する方向に進化してきている．パワーステアリングに始まり，いまでは自動ブレーキまで搭載され，自動運転まで現実味を帯びてきている．高齢化社会の社会インフラの観点から，その必然性は感じざるを得ないが，自動車単体として本当に

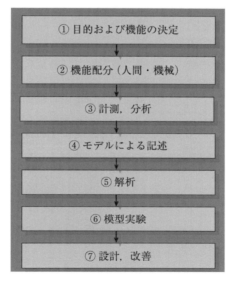

図 2.1　用具の設計改善の場合

そこまで必要なのであろうか．そのストレスを客観的に計測するのに，**生体反応**を用いるという方法もある．刺激としての道具や環境が適合していれば反応は小さく，不適合な場合の反応は大きくなる．自動運転車に乗ったら，ドライブが趣味のユーザーはいらいらして自ら運転したくなる人もいるに違いなく，その結果，何らかの生体反応が観測されるはずである．機械の機能配分が増えれば，人間は楽になるが，その分，人間機能は退化して失われる側面もあることを忘れてはならない．

2.2 人間工学の視点

2.2.1 マンマシン・インタフェース的視点

図 2.2 は，操作制御における**マンマシン・インタフェース**を示したものである[3]．このようなマンマシン・インタフェースを考えるときは，以下のことに注意する必要がある．

まず，人間と機械の特性・性能を考慮しなければならない．人間と機械の特性を比較すると，以下のような特徴がある．
- 人間：機能性（限定的），疲労，あいまいさ，総合性，柔軟性
- 機械：機能性（高度的），故障，厳密性，持続性

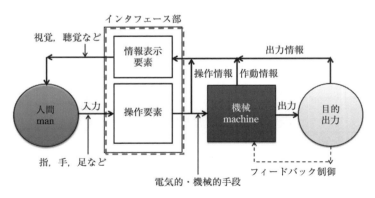

図 2.2　マンマシン・インタフェース的視点[4]

これらの調和をとるのがインタフェースの役割である．しかし，すべてを機械任せにすればいいという考えもあるかも知れない．つまり，完全自動化である．その問題点としては，まず機械装置の**ブラックボックス化**が挙げられる．ブラックボックス化することより，心理的不安感，無関心，危機管理放棄などが生じてしまう．また，機械装置は多機能化してきており，混乱，操作ミス，無駄が生じることになる．やはり，すべて自動化というわけにはいかないようである．では，どうすればいいだろうか．

それらの特性改善として，操作情報の感覚化が必要である．視覚，聴覚，触覚などの感覚機能を総合的活用することで，より安全な操作が可能となる．これは，よいインタフェースといえる．次に，操作量の適切なフィードバックを与えることである．操作抵抗，操作位置も，感覚的なフィードバックとして与えることで操作がしやすくなる．最後に，操作部の簡素化と機能制限である．複雑なインタフェースはミスを招く．階層化・単機能化し，高齢者にも対応できるようにしなければならない．

2.2.2　分野的視点

図 2.3 に示すような各要素に着目したアプローチも必要である．ここに示されている機能配分とは，以下の二つが挙げられる．
- 人間－機械間（人間と機械特性との調整）
- 人間要素間（目と耳，手と足，右手と左手など）

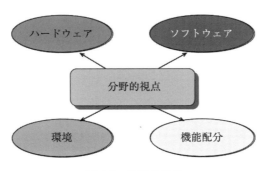

図 2.3　分野的視点

これらそれぞれに考察し，統合することが重要である．

2.2.3　レベル的視点

図 2.4 は，各レベルからの視点について示している．生産レベルだけではなく，社会的な観点など段階的により，高次の視点からの考察が必要である．独りよがりでない社会的にも認められる製品の開発である．

では，これらの視点の中でも重要な人間と機械の機能配分を見ていこう．ここで考慮すべき点は，以下の三つである．

人間・機械の整合性（マッチング）
　人間特性への配慮をするばかりでなく，機械特性への配慮も行い，それらの適切な結付けを行うことで整合性を図る

疲労・危険の排除
　人は疲れてしまうが，機械はそのまま動き続ける．ここに事故などの危険が潜んでいる．安全対策はこのような視点でも行う．

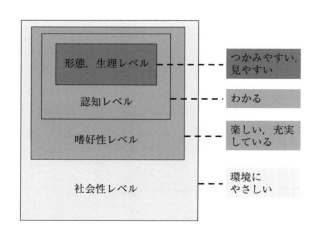

図 2.4　レベル的視点

機械化による人間機能・意欲の低下

"全部機械がやってくれるからいいや"とか，"ボタンを押したらできないかな"などと，生産者意識を欠いた発言を理系学生ですらするようになってきた．意識だけではない．自動車，冷暖房などにより脚力や発汗作用などの生体機能まで影響を与えるなどの影響もある．

このような中で，生産現場は変革を行っている．ベルトコンベアによる流れ作業は意欲を低下するとして，一人屋台方式（セル生産方式）[4] など，一人で多様な作業を行わせ，競争・自立責任をうながし，無駄を排除する動きが出て久しい．その一方では，**高度デジタル工場**というコンピュータ制御の工作機械や組立てロボットが人手なしにどんどん生産していくシステムも出現してきた[5]．さらには，3D プリンタやプリンティッドエレクトロニクスなど，図面ベースのものを簡単に製品へと移行させる技術も進展してきている．これは，完全ブラックボックス化されたシステムであるといっていい．映画「ターミネーター」のような意思をもった工場も，ディープラーニングの出現により現実味を帯びてきた．

2.3　計　　測

本書の後章で詳細に取り上げるが，ここでは人間工学のアプローチにおける計測を概観しておく．

2.3.1　生　体　計　測

生体計測は，以下に挙げるように，人間工学的にものの寸法を決めたり，道具の使いやすさ，感覚からの評価などをする場合に必要な人体の諸量を計測するものである．

① 形態計測：身体寸法・形態
② 運動機能計測：動作，力
③ 感覚機能計測：視覚，聴覚，触覚，味覚，嗅覚
④ 生理的計測：心拍，呼吸，血流，脳波，筋電位，皮膚電気抵抗など

Lecture.2 人間工学のアプローチ

2.3.2 心理計測

官能検査とも呼ばれ，人間の感覚を用いて製品の評価を行うことであり，分析型と嗜好型がある．現在では，分析型はほぼ自動化され，嗜好の分析に用いられることが多い．手法としては，順位法，一対比較法，評定尺度法，SD 法などがある．

2.3.3 作業計測

作業研究（Work study）では作業方法・時間の改善，標準化を目指す．ここでの計測方法としては，動作計測（VTR，モーションキャプチャ，注視点分析など）や動作分析（サーブリック分析，PTS 法，時間研究など）が行われる．

参 考 文 献

1) 浅居喜代治 編：現代人間工学概論，オーム社（1980）.
2) 稲垣敏之：「人間と機械の機能分担」，自動車技術会シンポジウム "人と技術の協調によるアクティブセイフティ"，自動車技術会（2004）.
3) 佐藤方彦 編：マンマシン・インターフェイス，朝倉書店（1989）p.4.
4) 山田日登志・片山利文：常識破りのものづくり，NHK 出版（2001）.
5) 山路達也：未来の工場，テレスコープマガジン（2013）:
http://www.tel.co.jp/museum/magazine/manufacture/131021_topics_03/

Lecture.3 人体の仕組み

3.1 人間の諸器官

人間の器官は,外部に対応するもの,内部に対応するもの,統合するもの の三つに大別される.外部対応には,視,聴,味,臭,触の感覚器系と骨格系,筋肉系の運動器系がある.内部対応には,呼吸器系,消化器系,循環器系,内分泌系,排せつ器系があり,統合は神経系である.それらの関係を図 3.1 に示す.

外部からの刺激は,感覚器系により外部対応し,感覚神経から中枢神経に至り処理され,運動神経から運動器系で外部対応し,行動に移ることになる.この間,自律神経は消化や循環,呼吸などを無意識のうちに行う.

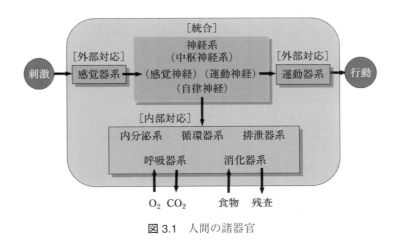

図 3.1　人間の諸器官

Lecture.3　人体の仕組み

3.2　運動器系

　230種あまりからなる骨格は，形態保持，運動支持，内臓保護，造血などの働きをする．筋肉は骨格と同様，形態保持のほか，運動制御，力の発生などを行う．筋の種類としては，骨格筋，平滑筋（内臓筋），心筋がある．
　これらにより，外部対応の働きをするが，脳から筋への命令は感覚細胞によりフィードバックされ適切な運動制御を行っている．

3.3　感覚器系

　ここでは，視覚，聴覚，触角，嗅覚，味覚をそれぞれみていくことにする．

3.3.1　視　覚

　図3.2は，**眼球**の断面図を表している．光が網膜に当たった時点ですぐに脳に達している．網膜では，光を**光受容体**で受け，それを電気信号に変える．100前後の光受容体が一つの電気信号にまとめられ，目で見た画像は圧縮されることになる．ただし，中心窩と呼ばれる目の中央部分は圧縮を行わない．また，視神経の場所には光受容体がないため，そこに当たる光の画像が盲点となる．つまり，鮮明に画像をとらえているのは目の中央部のみである．よって，ヒトは絶えず目を動かしている．これを**サッケード**という．サッケードにより身のま

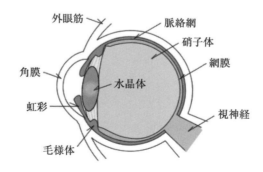

図3.2　眼球の断面図（http://www.civillink.net/fsozai/eye.html）

わりの世界をサンプリングし，高解像度に認識する．このとき，サッケード，停留などを繰り返すが，サッケード中は視覚信号の送信が一時停止する[1]．目を高速に左右に動かすと，一瞬暗い部分が目の前に現れたり，鏡で左目と右目を交互に見たとき目が動いている様子が自分では観察できなかったりする．このようにして脳にはぼやけた信号は送らずに，信号を抑制し鮮明な景色が見られるような仕組みになっている．

さて，視覚の仕組みを使って様々なインタフェースに応用することができる．たとえば，**ギャップ効果**[2]がある．図3.3のように，二つの画像のうち，右に出てくる画像に注目させるとする．カーナビゲーションやGUI（Windowsなどのグラフィカルユーザーインタフェース）のメニューなどにもこの仕組みはよく見られる．このとき，一つ目の画像を消してから，二つ目の画像を出すと，視点の移動速度は20%向上する．これは，一つ目の画像に固定されていた注意が軽減されることによるものである．また，さらに注目をさせたいときには，ポップアウトを使うとよい．影をつけて**立体化**するのである．

図3.4のように，GUIやカーナビのボタン画像には右下に影がつけてある．立体感を出すことにより，ボタンを押すという行動をうながすのである．

また，**ファッション**の分野でも，影は有効である．図3.5のように，女性が

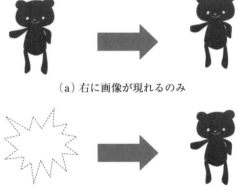

(a) 右に画像が現れるのみ

(b) 元の画像が消えて右に画像が現れる

図3.3　ギャップ効果

Lecture.3　人体の仕組み

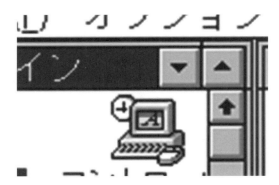

図 3.4　GUI の例（http://www.os-museum.com/windows3.1/windows31.htm）

図 3.5　影の効果（http://psy.ucsd.edu/~sanstis/SAStocking.htm）

正面の部分が白くなったジーンズをはいている．手前が白く周りが暗いという影の効果の錯覚で，足の形がきれいに見える [3]．黒のストッキングにも同じ効果がある．もちろん，メイクで陰影を強調するのも同様である．しかし，なぜGUIのボタンは左上が白くて，右下に影ができているのか．これ以外であると，立体的には感じないという [4]．この影の様々な錯覚はインタフェースとしても有効に応用することができる．

18

3.3.2 聴　覚

　視覚は「何がどこにあるか」を処理する感覚器であるが，**聴覚**は「何がいつ起きたか」を処理する感覚器である．より危険を察知できる鋭い感覚といえる．聴覚は，人生において最初に獲得し，最後に失う能力でもある．知覚できる周波数は 20〜20 000 Hz といわれており，1 ms のタイミングの検知まで可能である．また，左右の耳のタイミングのずれの検知は 20 μs で，まばたきの 5 000 倍もある．音楽や物事に瞬時に反応できるのも，聴覚がタイミングに敏感であるためである．

　図 3.6 に，聴覚の感覚器[5]を示す．耳介で集められた音波は，外耳道を通して鼓膜に到達する．鼓膜の面振動を体内で最小の骨である耳小骨を通して蝸牛の前庭窓 1 点に伝える．蝸牛内は液体で満たされており，そこでインピーダンス変換が行われることになる．音すべてが脳で分析されているのではなく，蝸牛で周波数分析が行われている．蝸牛の奥のほうの基底膜にある細胞が周波数の低い音に反応し，手前側が高い音に反応し，聴神経に伝えている．その反応は低い周波数側に急峻で，高い周波数側に緩やかになる．これにより，高い周波数成分がマスキングされやすくなる．また，周波数ばかりでなく，時間軸上でも大きな音の前後の小さな音が聞こえなくなるなどのマスキングが生じる．

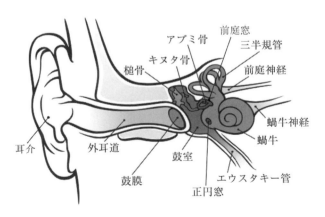

図 3.6　聴覚の感覚器[5]

Lecture.3　人体の仕組み

このマスキングの性質は，MP3などの圧縮音源に利用されている．

さて，人には耳が二つ ついている．これにより，音源の位置を同定する．**音像定位**と呼ぶこともある．1.5 kHz程度を境に，それより周波数が低い音は両耳間時間差，高い音はレベル差により方向を知覚する．この周波数は，顔の回折によるものである．なお，複雑な形状の耳介は前後や上下方向の音の同定に使われている．

音の方向知覚よりも，どう聞こえるかのほうが重要である．ここで，音の聞こえについて述べておく．音には心理的3要素がある．これを**表 3.1**に示す．大きさ（loudness），高さ（pitch），音色（timbre）である．ここで，それぞれについて説明しておく．

まず，**音の大きさ**であるが，人には120 dBのダイナミックレンジがある．つまり，最小可聴音から1兆倍の音まで聞くことができる（**図 3.7**）．そうすると，コンパクトディスク（CD）の96 dBのダイナミックレンジは不十分であるといえるかも知れない．最近，スマートフォンには音量制限が設けられている．大きな音で音楽やラジオを聞き続けると，メッセージが出るようになっている．欧州委員会の報告[6]によると，毎日1時間100 dB（図 3.7の叫び声）で音楽を聴き続けた場合，5年後には聴力を完全に失う危険があるという．

さて，音の大きさは音圧だけに依存するかというと，そうでもない．音の大きさは，音の強度と周波数の両方に依存する．ここで，**図 3.8**のような実験を考えてみる．1000 Hzの基準音の強度を固定し，これとは別の周波数の比較音が同じ大きさに聞こえるように強度を調整するものとする．このようにして得られた結果が**図 3.9**に示す**等ラウドネス曲線**[7]である．

表 3.1　音の心理的3要素

心理的要素	物理的性質 （時間領域）	物理的性質 （周波数領域）
大きさ（loudness）	波形の振幅	基本波と高調波の振幅の総和
高さ（pitch）	波形の周期	基本周波数
音色（timbre）	波形	基本波と高調波

3.3 感覚器系

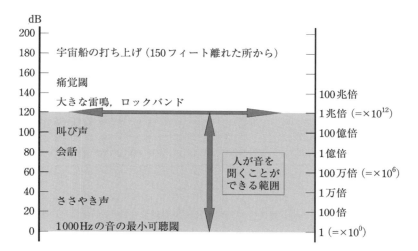

図 3.7 音圧レベルと聞こえ

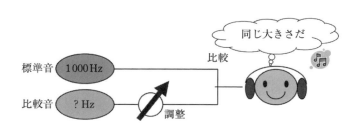

図 3.8 耳の周波数応答の実験

Lecture.3　人体の仕組み

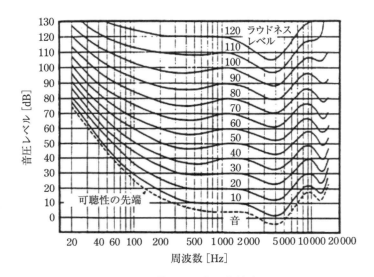

図 3.9　等ラウドネス曲線[7]

　ステレオコンポやアンプなどにラウドネスというスイッチがある．それを ON にすると，低音が響き始め，高音もクリアに聞こえてきていた覚えはないだろうか．聴覚は，低音と高音には鈍感で，4kHz 付近が最も聞こえやすい特性をもっている．ラウドネススイッチの機能は，鈍感な周波数成分のレベルを上げて，迫力のある音にしていたともいえるが，知覚される音のレベルを脳から見て，一定にしようとしているにすぎない．ラウドネス実験を行った Robinson と Dadson によると，最小可聴音圧レベルは $P_0 = 20\,\mu\mathrm{Pa}$ である．これを基準とした音圧レベル（dBspl，最近は spl を省略する．$= 20\log P/P_0$）が広く使われている．ちなみに 1 hPa が 100 Pa である．1 気圧は 1013 hPa であるから，音の圧力がいかに小さいものかわかるであろう．

　次に，**音の高さ**である．音の高さは，「低い」から「高い」まで一次元的に変化する性質があり，これを音のトーンハイト（tone height）という．とはいえ，一次元的性質だけでなく，らせん状の性質ももつ．すなわち，基本周波数を物理的に上げていくと，心理的な音の高さは上昇して感じるが，基本周波数が 2 倍になったとき，もとの音に帰ってきたような印象を受ける．つまり，1 オクター

ブごとに類似した音の性質が現れてくるという循環的な性質があり，これを音調性という．音調性は，4〜5 kHz 以上になると消失する．ちなみに，ピアノの最高音は 4.2 kHz である．

このような性質は，**図 3.10** のようならせん構造で表される[8]．一方，ほとんどの音は，基本周波数とその高調波成分からなる複合音である．高調波成分をもたない単一周波数の音の音を純音という．物理的な基本周波数が等しければ，複合音の心理的高さはほぼ等しい．200〜3000 Hz の間では，純音より複合音のほうが低く感じ，それ以上では一致し，それ以下では高く感じる．ただし，高調波からその基本成分を割り出すこともある．**ミッシングファンダメンタル**[9]と呼ばれている．

最後に**音色**であるが，これは対応する物理量を探すのが大変である．形容詞で音色を表し，心理実験を行い，SD 法で因子分析して表現することもある．SD法については，後章で詳述する．

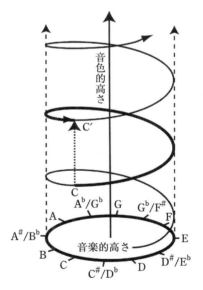

図 3.10 音 調 性[8]

3.3.3　視覚と聴覚の連携

　以上のように，聴覚はタイミングを敏感に検知する一方で，空間での「位置」の検知は不得意である．視覚は，タイミングの検出は不得意であるが，空間での位置を把握するためのチャンネルを 200 万も有する．双方の連携により，タイミングと位置の鋭い検知を実現している．よって，タイミングについての視覚情報は聴覚情報により大きく影響される場合がある．

　たとえば，一度しか点滅しない動画にクリック音を二つ付けると，2 回点滅しているように錯覚することがある[10]．さらには，位置に関する聴覚情報が視覚によって大きく影響されることは日常的にある．TV では，司会者の口から音声が聞こえるように感じるが，実際はサイドスピーカからである．このように，感覚情報は優勢な感覚への影響が小さい．よって，複数の感覚が同時に刺激されると，優勢な感覚により刺激が強調される．たとえば，人の話し声は唇の動きを見ながら聞くとより鮮明に聞こえるし，TV ドラマは音楽がつくとより感動的になる．音と触覚についても同じことがいえる．

　図 3.11 に示すように，ボタン押し音の印象が指先に与える振動によりどのように変化するかを調査した[11]．被験者 21 名を対象にタッチパネルを用いて振

図 3.11　マルチモーダルの実感景[11]

動を変化させつつ，3種類のカーステレオ押しボタンの機械音の印象評価を行った．ボタンを押したときの音に振動を制御することで，まったく同じ音を聞いているのにもかかわらず，重く，深みがあり，そして暖かみのある音へと聴感印象が変化した．複数の感覚情報が組み合わされるのは，大脳皮質での情報処理の初期段階といわれている．この複数の感覚情報の融合は無意識で行われている．よって，このような知覚は脳によって能動的につくり出されるといえる．

　複数の感覚情報の相互作用は知覚をまったく別のものに変えてしまう場合もある．その例として，**マガーク効果** [12] が知られている．これは，人の声の聞こえ方が目から入ってくる唇の動きの情報によって変わってしまうというものである．あらかじめ唇の動きと音が一致していないと知っていたとしても，結果は同じになる．それだけその相互作用は大きい．"McGurk effect"で検索すると多くの動画が出てくるが，このサイト（http://www.universeinsideyou.com/experiment6.html）の Arnt Maasø 氏の動画がわかりやすい．この動画を見ながら声を聞いたときと，画像を見ないで声だけを聞いたときでは，異なる音声に聞こえる．これらは，もちろん人工的な合成動画で，音声と映像は別のものが合成されている．よって，日常生活では，このようなことは起きない．破裂音「ば」，「が」，「ぱ」の識別には唇の形が優先し，時として聴覚情報より優先されるために，このような知覚が起きる．視覚情報と聴覚情報が統合されるのは言語処理が行われる前であり，「どの音が聞こえたのか」という判断は意識して行うものではなく，情報の統合は無意識に行われている．

　以上のように，聴覚は音源の特定がさほど得意ではない．方向の特定に視覚情報が利用できれば，そちらを優先させるのである．音だけで評価すれば，コンサートホールでの生演奏より CD のほうが遙かに音質がよい．しかし，生演奏には視覚情報がある．触覚がある．このように認知はすべて脳が「つくり出す」ものといえる．騒音振動の分野では**マルチモーダル**と呼ばれ，このような研究が注目されている．たとえば，Fastl らは，赤，緑，青，ダークグリーンの車のグラフィックを提示し，同じ音を提示した場合も赤やダークグリーンのラウドネスが大きくなるという実験結果を導いている [13]．

Lecture.3 人体の仕組み

3.4 神 経 系

3.4.1 中枢神経と末梢神経

　神経系は，**図3.12**に示すように**中枢神経**と**末梢神経**からなる．中枢神経には，大脳，小脳，脳幹，脊髄が含まれる．末梢神経には，求心神経（知覚神経），遠心神経（運動神経），自律神経（内臓活動調整）が含まれる．自律神経は，交感神経（活動的），副交感神経（休息的）からなる．

　まず，中枢神経から見ていこう．**図3.13**は，中枢神経系の三つの統合系とその役割を示している[14]．脳幹・脊髄系から大脳辺縁系，新皮質へと脳は進化し，その役割も人間らしくなってくる．**脳幹・脊髄系**では「生きている」のみで原始的な反射活動や調整作用のみを行う．そこから「生きていく」ように進化し，本能行動や情動行動を司る大脳辺縁系では「たくましく生きていく」ようになったといえる．最後に，**新皮質**は「うまく生きていく」ように適応行動を制御し，「よく生きていく」ように創造行為までなしえるようになったのである．

　このように，内側から外側に広がるように脳は発達してきた．**図3.14**に脳の構造[15]を示し，**図3.15**にそのうちの脳幹，脊髄系がどこに当たるかを示している[16]．**図3.16**は，脳の信号の流れを示している[17]．随意行動と本能行動は，大脳連合野と視床下部からそれぞれ発し，統合・調節されて，大脳，脊髄を経

神経系
- 中枢神経系（大脳，小脳，脳幹，脊髄）
- 末梢神経系

- 求心神経（知覚神経）
- 遠心神経系（運動神経）
- 自律神経系（内臓活動調整）

- 交感神経（活動的対応）
- 副交感神経（休息的対応）

図3.12 神 経 系

3.4 神経系

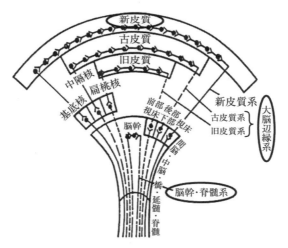

≪生の営み≫
◎生きている（脳幹，脊髄系）：反射活動，調節作用
◎生きていく
 ・たくましく（大脳辺縁系）：本能行動，情動行動
 ・うまく（新皮質）：適応行動

図 3.13　中枢神経の三つの統合系[14]

Lecture.3 人体の仕組み

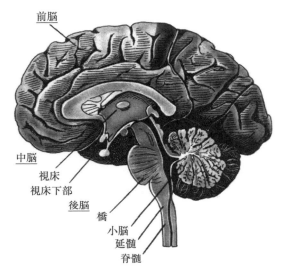

図 3.14 脳の構造 [15]

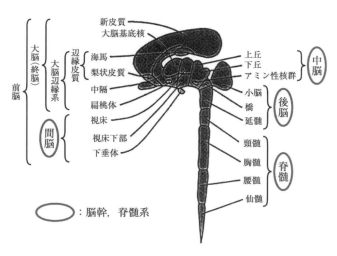

図 3.15 脳および脊髄系 [16]

3.4 神経系

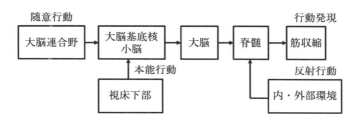

図 3.16 脳信号の流れ [17]

て，筋収縮により行動が発現する．一方で，熱いやかんを触ったときなどの反射行動は，脊髄からそのまま行動発現し短縮化されて素早く反応することができる．

さて，大脳新皮質は最後に発達した部分であることは先ほど述べた．図 3.17 は，ネズミ，チンパンジー，メガネザル，ヒトの新皮質における分業体制領域を示している [18]．特に，非特異性という領域に着目すると，ヒトは嗅覚や聴覚，視覚の領域がネズミやメガネザルに比べて小さくなっている代わりに非特異性の

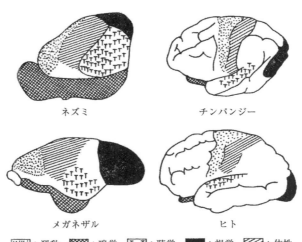

図 3.17 脳新皮質の分業体制 [18]

Lecture.3 人体の仕組み

領域が大きくなっていることがわかる．すなわち，高等動物になるほど個別の感覚に関わる領域よりも，それらを統合する高次の脳機能を有する非特異性の領域（連合野）が広くなって複雑な対応が可能になってくるのである．

3.4.2 情動情報

さて，ここで**情動**について考えてみよう[18]．その流れを**図 3.18** に示す．入力情報は，大脳皮質，大脳辺縁系の双方に伝達されるが，大脳辺縁系は処理が速く，先に情動的発現が起こる．大脳皮質では，知的処理に時間がかかり遅れて処理される．その結果，大脳辺縁系の価値判定結果が大脳皮質の活性化を先回り制御する．処理された結果は，筋肉系，自律神経系，中枢神経系に命令を下す．つまり，「情」が受け入れられて「意」が向上し，「知」が働くということになる．よって，情動情報は脳の活性化を調節するといえる．

ヒトは，「生理的欲求」と「受容性欲求」をもつ．「受容性欲求」とは，自分が他人から受け入れられたいという欲求である．欲求が満足されたとき，「快」情報として脳が活性化され，満足されないときは「不快」情報として脳が不活性化される．つまり，脳は意欲で動くコンピュータであるという指摘がある[18]．

3.4.3 心拍変動解析

以上の情動情報は，**自律神経**にも影響する．**図 3.19** は自律神経系を示しており，交感神経と副交感神経との関係である[19]．情動情報が自律神経に影響するので，その生体反応を観測することにより，その人が快であるか不快であるかを因果的に知ることができる．

たとえば，心臓に対して自律神経は，主に心拍動の発生間隔の調節を行っている．交感神経系の刺激は心拍数を上昇させる．対照的に，副交感神経系の刺激は心拍数を減少させる．これらの信号を計測するには，心電図と心音図を用いる方法がある．ここでは，心音図を用いて音の快・不快を計測した例[20], [21]について紹介してみることにする．心音図の解析と述べたが，**心拍変動（Heart Rate Variability：HRV）解析**にほかならない．HRV 解析は，心臓の拍動間隔が自律神経系によって変動することから，様々な負荷や印象等を定量化するために用いられる解析である．

30

3.4 神 経 系

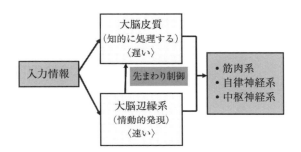

図 3.18 脳と情動(「情」が受け入れられて「意欲」が向上し,「知」が働く)

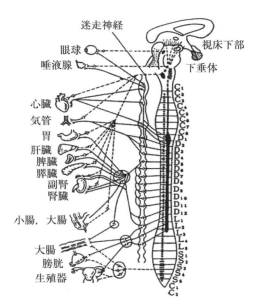

図 3.19 自律神経系〔———:交感神経系(攻撃か逃走),
-----:副交感神経系(安静,回復)〕

Lecture.3　人体の仕組み

　図3.20に示すように, 定常状態いわゆる負荷や刺激を提示していない状態と, それらを提示している負荷状態の心臓活動データを測定し, 解析結果を比較して評価する. HRVの解析では, 心臓活動データを測定しノイズを処理したあとに, 拍動発生間隔を算出する. 拍動発生間隔を算出したあとに, 縦軸を拍動発生間隔, 横軸を経過時間とした心拍のトレンドグラムを作成する. このトレンドグラムに対して, 人体の信号周期 (1 Hzなどの低い周波数) に近い周波数でダウンサンプリングを施したあとに周波数解析を行う.

　心周期のゆらぎの中で, 0.04～0.15 Hz近傍にピークを有する成分を低周波成分 (Low Frequency成分: LF成分), 0.15～0.45 Hz近傍にピークを有する成分を高周波成分 (High Frequency成分: HF成分) と定義される[22]. HF成分には副交感神経系活動の影響が現れ, LF成分には交感神経系と副交感神経系の両方の活動が影響するといわれている. 副交感神経系の指標としてHF成分の面積, 交感神経系の指標としてLF/HF比を計算して使われることが多い. 快適感やリラックスのときにはHF成分が増加し, 不快感やストレスの場合はLF/HF成分が増加するということにある. しかし, あくまで相対的な交感神経系の指標であり, LF/HF比の増加は必ずしも交感神経系の活動が活性化したことを意味するものではない. また, データを判定するうえで, 不整脈の有無, 加齢, 体位などの影響も考慮する必要がある.

　さて, HRV解析では, 大学生を被験者として, 音楽のジャンルを2種類提示した. この実験では, 音楽の印象を快・快適に加え, 好き・嫌いでも判断を行った. テンポの緩やかな音楽としてクラシック音楽の"夜想曲第20番嬰ハ短調「レント・コン・グランエスプレッシオーネ」: ショパン (夜想ショパンの世界)", 激しいテンポの音楽としてハウスミュージックの"Aftermath : TOWA

図3.20　HRV解析の流れ

TEI（MOTIVATION 3）"を提示した．平均値での比較に加え，散布図による相関分析を行った結果を**図 3.21** に示す．

LF/HF 成分と印象評価は，クラシック音楽とハウスミュージックの両方で負の相関が確認された．この結果は，快適度や好感度が低い音楽はネガティブな印象を与え交感神経系を刺激し，LF/HF 成分を増加させることを示している．また，この傾向は音楽の種類が異なった場合でも個人差がある場合でも印象評価が可能であることが示唆されている．

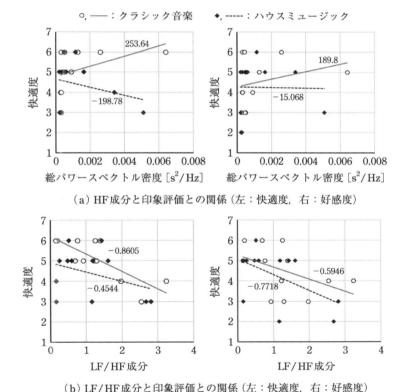

図 3.21　心音と印象の相関分析

Lecture.3　人体の仕組み

3.4.4　脳情報の計測

　以上のように，交感神経と副交感神経の働きからヒトの心理状態を探れるのであれば，脳から探るほうがより直接的である．このような手法を神経生理学的手法と呼ぶが，脳の信号を得るには以下の方法[23]がある．

（1）　EEG

　脳電図（Electroencephalogram）は，EEG といわれる．大脳皮質は複雑な高次の機能を受けもつ．このとき，ニューロンは電気信号により情報伝達をするので，磁界が発生する．その電磁場を計測することにより，脳の各点がどのように活発かを調べる方法である．

　EEG の長所としては，

- 歴史がある
- 睡眠時，てんかんなどの脳の電気活動パターンと脳の状態との対応関係もある程度わかっている
- 時間分解能が高い（数 ms）
- 費用が比較的安い

が挙げられる．

　一方で，短所としては，空間分解能が低い点が挙げられる．それは，取り付けた電極の数以上に細かく脳を分割することはできないためである．取り付けることができる電極は，最高でも 100 個程度，通常は 40 個程度である．また，頭皮では個々の発生源を正確に同定できない点も挙げられる．

（2）　PET

　ポジトロン CT（**陽電子放出断層撮影**，Positron Emission Tomography）は，核医学診断法の一つで，ポジトロンを放出する放射性薬剤を血管に注入し，その分布を PET カメラで断層画像に撮影するものである．放射性薬剤を注射するので，被験者への負担が大きいが，脳各位の血流量を知ることができる．血流量が多いエネルギー消費が高いところがわかるので，脳の活性化部分が特定できる．よって，長所として脳の活動を立体的に見ることができる点が挙げられる．

　一方で，短所として以下の点が挙げられる．

34

- 大規模で高価な機械を必要とする
- 被験者に放射性同位体を含む薬剤を注射しなければいけない
- 解像度が不十分（1cm）
- 脳の活動の変化をみるのに向かない（時間がかかるため）

（3）　fMRI

"f"は"functional（**機能的**）"を示し，"MRI"は"Magnetic Resonance Imaging（**磁気共鳴画像**）"を表している．fMRI とは，磁気共鳴画像装置を用いた機能（特に，脳機能）についての研究のことをいう．具体的には，ヘモグロビンの酸素レベルを利用する．ヘモグロビンの磁気特性は，運ばれている酸素量に依存して変化するので，fMRI はこの磁性を測定し酸素レベルの働きとして脳活動に関連づける．この計測により，ヒトの精神的活動に関与する脳の部位の詳細な情報を得ることができる．

長所は，空間分解能，時間分解能がともに高い点である．脳の状態変化を解析することが可能である．短所は，高価であること，極めて性能の高いコンピュータが必要であること，技術として非常に高度のため専門家が必要である点が挙げられる．

（4）　MEG

脳磁界計測（Magnetoencephalography）は，MEG と呼ばれる．これは，頭部周囲に神経活動によって発生する微小磁界（地磁気の 1 億分の 1 以下）を計測するものである[24]．完全な非侵襲計測法であり，ms オーダの高時間分解能が可能である．脳波に比べ，頭皮，頭蓋骨など導電率変化の影響を受けないため，より正確な神経活動の推定が可能といわれている．**図 3.22** は，MEG 計測を行う著者（石光）の写真である．頭の白い長い部分が液体窒素で満たされ，超電導技術を用いて脳の微弱な磁界を検出する．

これらの神経生理学的手法を用いて感性情報の計測が可能である．これらについては，後述することにしたい．

Lecture.3　人体の仕組み

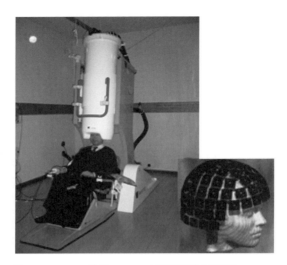

図3.22　MEG 計測 122ch 全頭型脳磁界計測システム
（Neuromag–122™, Neuromag Ltd.）

参 考 文 献

1) T. Stafford and M. Webb：Mind Hacks，オライリージャパン（2005）.
2) M. G. Saslow："Latency for saccadic eye movement", Journal of the Optical Society of America, 57, 8（1967）pp.1024-1029.
3) S. Anstis：Fashion and shadows；
http://anstislab.ucsd.edu/files/2012/12/fashionandshadowspdf.pdf（2012）.
4) J. Johnson：UI デザインの心理学 ―わかりやすさ・使いやすさの法則―，インプレス（2015）.
5) C. L. Brockmann："Perception Space ―The Final Frontier", A PLoS Biology, 3, 4（2009）e137.
6) iPod などに音量制限，読売新聞，2009 年 9 月 29 日 37 面（2009）.
7) 電子情報通信学会編：聴覚と音声，電子情報通信学会（1980）.
8) K. Ueda and K. Ohgushi："Perceptual components of pitch：Spatial representation using a multidimensional seeing technique", Journal of the Acoustical Society of America, 82, 4（1987）pp.1193-1200.
9) 柏野牧夫：音のイリュージョン ―知覚を生み出す脳の戦略―，岩波書店（2010）.
10) J. Bhattacharya, L. Shams and S. Shimojo："Sound-induced illusory flash perception：Role of Gamma band responses", NeuroReport, 13（2002）pp.1727-1730.
11) 尾茂井宏・石光俊介・阪本浩二：「ボタン押し音における触覚の聴感印象への影響につ

いて」，電子情報通信学会技術報告，EA2009-90（2009）pp.85-88.

12) H. McGurk and J. MacDonald : "Hearing lips and seeing voices", Nature., 23-30；264（5588）；746-8（1976）.

13) D. Menzel, H. Fastl, R. Graf and J. Hellbrück : "Influence of vehicle color on loudness judgments（L）", J. Acoust. Soc. Amer. 123/5（2008）pp.2477-2479.

14) 時実利彦：人間であること，岩波新書（1970）.

15) フロイド・E・ブルーム ほか（久保田競 監訳）：脳の探検，講談社（1987）.

16) 樋渡涓二 編：視聴覚情報概論，昭晃堂（1987）.

17) 本間三郎・井口 潔 編：身体と心のしくみ，朝倉書店（1986）.

18) 松本 元・大津展之 共編：脳・神経系が行う情報処理とそのモデル，培風館（1994）.

19) 時実利彦：脳の話，岩波書店（1962）.

20) K. Oue and S. Ishimitsu : "Evaluating Emotional Responses to Sound Impressions Using Heart Rate Variability Analysis of Heart Sounds", ICIC Express Letters, Part B: Applications, 7, 6（2016）pp.1299-1303.

21) K. Oue, S. Ishimitsu and M. Nakayama : "A STUDY ON SOUND QUALITY EVALUATION USING HEART RATE VARIABILITY ANALYSIS", The Proceedings of the 22 nd International Congress on Sound and Vibration, 470（Invited）（2015）.

22) 日本自律神経学会：自律神経機能検査，文光堂（1992）.

23) T. Stafford and M. Webb：Mind Hacks，オライリージャパン（2005）.

24) 石光俊介・髙見健二・添田喜治・中川誠司：「自動車加速エンジン音に対する聴感印象と大脳皮質活動の関係に関する検討」，計測自動制御学会論文集，49，3（2013）pp.394-401.

Lecture.4　人間の形態・運動機能特性と設計

4.1　身体寸法

　新たな機械やシステム，インタフェースを設計したり，改善したりする場合には，それを使う人間の寸法や力の出しやすさなどの情報が不可欠である．このように，重要な人体寸法は様々な形でデータベースが提供されている．データは，骨や関節の突起などの位置を測定点として定め，それぞれをデータとして示すものである．この測定方法は，**マルチン（martin）式測定法**として知られている．

　図 4.1 は，産業技術総合研究所から公開されているデータベース[1]の計測箇所の一部を示したもので，計測項目は多数にのぼる．データベースには，それぞれの測定点の寸法のほか，3D 計測によるポリゴンデータも公開されている．**図** 4.2 は，人体各部の概略の比率を示したものであり，身長を 1 としている[2]．これを用いることにより，設計時に便利な場合がある．

　以上のデータベースは，あくまでも日本人を対象としたデータであり，日本人以外を対象とした場合はさらに分散が広がるため，人種別に考えるほうがよいだろう．**図** 4.3 は白人，黒人，東洋人のサイズの比較[3]，**図** 4.4 は代表的な国の体重・身長の分布である[3]．図 4.4 から，各国の平均値だけでなく，データの分散（分布幅）にも注意が必要であることがわかる．使用者としてこれらのことを体感できるのは航空機の国際線の座席ではないかと，かつては考えていた．しかし，実際はそのようなことはない．図 4.4 における身長が高いドイツやイギリスの航空会社の座席間隔は，アジアの航空会社に比べて短いほうである．とはいえ，最近の若い学生さんたちにはずいぶんと背が高い人も多い．

　図 4.5 は，スポーツ庁が発表しているデータ[4]に基づき日本人の**身長分布**をグラフで表したものである．30 歳程度をピークに，年齢とともに徐々に下がっている．身長が縮むというよりも，時代による体格の変化と考えたほうがよい．

Lecture.4 人間の形態・運動機能特性と設計

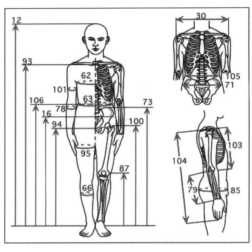

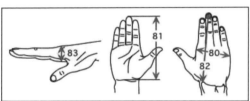

図 4.1 人体寸法計測箇所の例[1]

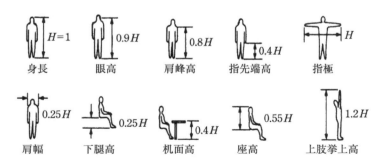

図 4.2 人体各部の比率[2]

4.1 身体寸法

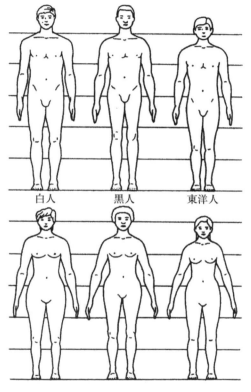

図 4.3 人体サイズの比較[3]

4 人間の形態・運動機能特性と設計

Lecture.4　人間の形態・運動機能特性と設計

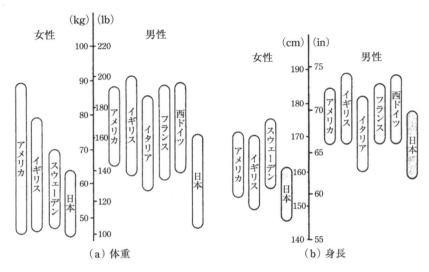

図 4.4　代表的な国の身長と体重[3]

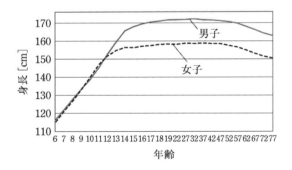

図 4.5　日本人の身長分布（2015年）[4]

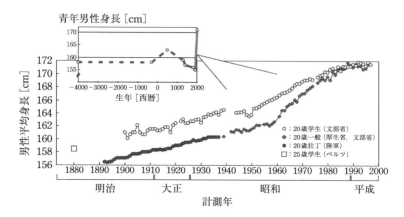

図 4.6 日本人男性の平均身長の時代変化[5]

図 4.6 に，20 歳日本人男性平均身長の時代変化を示す[5]．ここ 100 年ほどで約 15 cm 伸びているが，特に日本が高度成長期の 1960 年代に急速に伸びている（10 年で約 1 cm）．しかし，現在その伸びはほぼ停滞しており，日本人の身長増加はほぼ終わったように見える．また，学生と一般とは格差があったが，その解消は大学の大衆化を意味するものでもあろう．

幕末の坂本龍馬は大男であったといわれており，その身長は 170 cm 前後であった．いまのほぼ平均身長に近い値であるが，図 4.6 からもわかるように，当時の平均身長は 155 cm 程度であるから，平均よりも 15 cm 程度高く，いまでいうと，185 cm 程度という感覚であり，確かに龍馬は大男といえる．

このように，身体寸法は地域，年齢，性差により異なっており，また時代とともに変化する．そのため，これに対応して機械の設計を考える必要性がある．

4.2 身体寸法と設備寸法

身体寸法で直接的に思い浮かぶのが，洋服のサイズであろう．SS, S, M, L, LL から 3L, 4L などまで様々なサイズが存在する．身長分布が正規分布に従うとすると，M サイズが一番早く売り切れる．このような一番早く売り切れるサイズは，**ゴールデンサイズ**といわれている．

Lecture.4　人間の形態・運動機能特性と設計

図 4.7 は，**パーセンタイル**と身長分布を示している[3]．身長や体重のような自然界のデータは，多く集めると度数分布 $y(x)$ は次式で示される**正規分布**を示すといわれる．

$$y = \frac{1}{\sigma\sqrt{2\pi}} \exp\left[-\frac{(x-\overline{x})^2}{2\sigma^2}\right]$$

$$\sigma = \sqrt{\frac{1}{n}\sum_{i=1}^{n}(x_i - \overline{x})^2}$$

ここで，$\overline{x}$ は平均値，σ は標準偏差である．

「世界がもし100人の村だったら」という本がかつてはやったように，全体の個数を100として小さいほうから数えて何番目に当たるかを示すのがパーセンタイル値である．正規分布の中央であるデザイン値は50パーセンタイル値（平

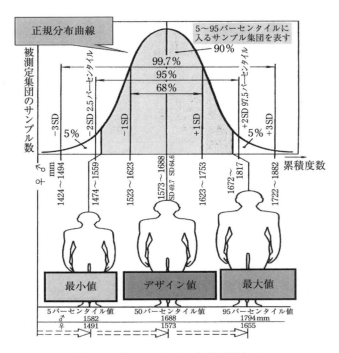

図 4.7　パーセンタイルと身長分布[3]

4.2 身体寸法と設備寸法

均値）であり，分布の裾野 5 ％がそれぞれ 5 パーセンタイル値（最小値），95 パーセンタイル値（最大値）である．

　一般に，身体データは平均値と標準偏差が与えられるので，パーセンタイル値は以下の式と**表** 4.1 の係数から求められる[3), 6)]．

　　パーセンタイル値 ＝ 平均値 ± 標準偏差 × 係数

　ここで，パーセンタイル値の応用例として，**図** 4.8 のような監視窓とその上についた操作盤の設計を取り上げてみる[3)]．かがまなくても監視ができて，手が届く範囲に操作盤があるようにパーセンタイル値の共存範囲を考えたい．男性の場合を考える．まず，5 パーセンタイル値の人でも操作盤に手が届き（M5 より下），95 パーセンタイル値の人でも，かがまなくとも監視窓を覗くことができる（M95 以上）ような理想的な設計は共存範囲がなく，設計ができないことがわかる．また，50 パーセンタイル値の人が操作盤に手が届き（M50 以下），95 パーセンタイル値の人がかがまなくとも監視窓を覗くことができる（M95 以上）ような設計は，A のように設計可能であることがわかる．

　身長を基準とした概略の**設備寸法**は，**図** 4.9 のように示されている[7)]．使用条件を考慮して，そのパーセンタイル値の幅を考えなければならない．

　さて，身長を基準に考えてきたが，健康診断のときの身長測定と普段自然体で立っているときの身長は異なる．また，工場では安全靴をはき，町中ではハイヒールを履くかも知れない．人体寸法を適用するときには，以下のことに留意しなければならない[3)]．

表 4.1　パーセンタイル値を求めるための係数[6)]

パーセンタイル		係数	パーセンタイル		係数
1	99	2.326	25	75	0.674
2	98	2.054	30	70	0.524
3	97	1.881	35	65	0.385
5	95	1.645	40	60	0.253
10	90	1.282	45	55	0.126
15	85	1.036	50		0.000
20	80	0.842			

Lecture.4 人間の形態・運動機能特性と設計

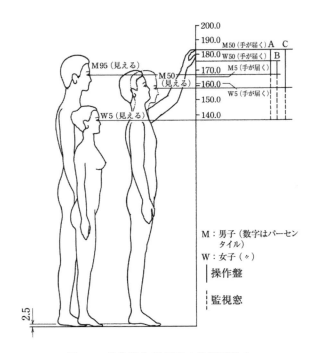

図 4.8 操作盤と監視窓の位置設計 [3]

4.2 身体寸法と設備寸法

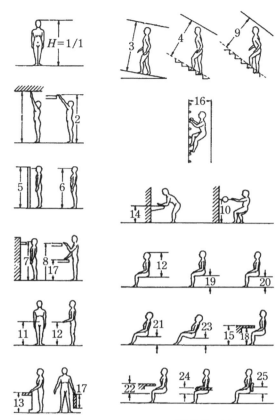

1：手を伸ばして届く高さ 4/3,
2：物を出し入れできる棚の高さ（上限） 7/6,
3：傾斜した床の天井の高さ
　（最小値・床傾斜 5～15°）8/7,
4：階段の天井高さ（最小値・傾斜 25～35°）
　1/1,
5：視線をさえぎる隔壁の高さ（下限）33/34,
6：眼高 11/12,
7：引出しの高さ（上限）10/11,
8：使いやすい棚の高さ（上限）6/7,
9：急な階段の天井高さ
　（最小値・傾斜 50°前後）3/4,
10：引張りやすい高さ（最大力）3/5,
11：人体の重心高さ 5/9,
12：立位の作業点高さ 6/11, 12 座高 6/11,
13：調理台の高さ 10/19,
14：洗面台の高さ 4/9,
15：事務用机の高さ
　（はきものは含まない）7/17,
16：のぼり梯子のスペース
　（最小値・傾斜 80～90°）2/5,
17：手にさげるものの長さ（最大値）3/8,
17：使いやすい棚の高さ（下限）3/8,
18：机の下のスペース（高さの最小値）1/3,
19：作業椅子の高さ* 3/13,
20：軽作業用椅子の高さ* 3/14,
21：軽休息用椅子の高さ* 2/11,
22：差尺 3/17,
23：休息用椅子の高さ* 1/6,
24：肘掛けの高さ 2/13,
25：作業用椅子の座面・背もたれ点距離 3/20

＊：座位基準点の高さ（はきものは含まない）

図 4.9　身長を基準とした寸法設計[7]

Lecture.4 人間の形態・運動機能特性と設計

① 人間の姿勢は自然体である（直立不動値より小）
② 履き物寸法
③ 着膨れ
④ 個人差
⑤ 性差
⑥ 人種差
⑦ 年齢差
⑧ 障害者配慮
⑨ 体格向上による寸法などの伸び
⑩ 採用パーセンタイル値（できれば調節可能を考慮）

また，体型は時代により変化する．**図 4.10** は成人男子の 1978～1981 年と 1992～1994 年の年齢別のヒップとウエストの平均値である [8]．ウエストは，年齢別でも体型変化が最も大きく，10 cm 程度の変動がある．15 年でウエストは 2 cm，ヒップも 4 cm 増加している．この変化に従って，紳士服や下着などのデザインサイズも更新されている．また，自動車の前後にスライドする長さや後部座席の距離，洋式トイレの背丈なども伸びてきている．一方で，トラクターは高齢化にともない操作対象者を考慮した設計に切り替えている．

また，ノートパソコンでは，その小型化の必要性からキーボード間隔も研究されている．手の大きさを基準として，海外メーカーが日本人の手では 15 mm で十分と判断する一方，国内メーカーではそれでは小さすぎて使いづらいとして 16 mm とした．それでつくれる最小の大きさが B5 サイズのノートパソコンであった．このように，わずか 1 mm の違いで使いやすさを検討していたのである．近年では薄型化と軽量化が進み，A4 サイズに落ち着きつつある．やはり 15, 16 mm では操作が窮屈であるということから，最近では 19 mm のモデルがほとんどである．

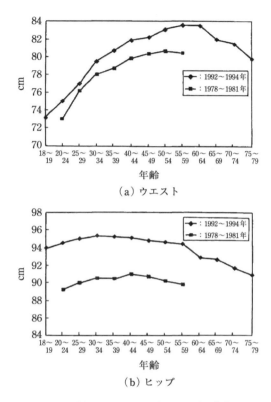

図 4.10 男子のウエストとヒップの変化[8]

4.3 姿勢と疲労

　パソコンのキーボードについて述べたが，人間の体はそのシステムにおいては姿勢として存在する．**姿勢**としては，立位，座位，臥位の3種類に大別できる．作業で最も多いのが座位で，パソコン仕事などの前座位姿勢やハンダ付けなどの前屈による椅座位姿勢などがある．次いで立位で，前屈や中腰作業も含まれる．臥位は，自動車の下に潜り込んで仰臥位で行う作業意外はほぼ休憩でとられる姿勢である．

図 4.11 は，姿勢と負担の関係を示している[9]．**エネルギー代謝率**と心拍数との関係で表現している．エネルギー代謝率は，エネルギー消費量（消費カロリー）から身体的な作業強度を表す指標であり，以下の式で求められる．

$$\text{エネルギー代謝率} = \frac{\text{労働代謝} - \text{安静代謝}}{\text{基礎代謝}}$$

基礎代謝は，人間が生命を維持するのに必要な最低限度のエネルギー消費量であり，筋肉を付けることでそれが上がり，太りにくくなるといわれている．上式により，基礎代謝が増えることによりエネルギー代謝率も下がることがわかる．さて図 4.11 から，中腰姿勢がエネルギー代謝率，心拍数ともに大きく，姿勢の負担が大きいことがわかる．直立姿勢，椅座姿勢，仰臥姿勢の順に負担は減っていく．このような様々な姿勢をとって長時間作業していると疲労してくる．

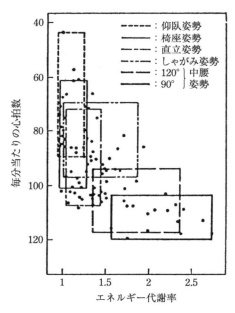

図 4.11 姿勢と負担 [9]

図 4.12 は，**疲労**にともなう作業軌跡の乱れである[10]．作業開始時から 1 時間程度において乱れは少ないが，徐々に疲労により無駄な動きが見られるようになってくる．図 4.11 に見られたように，特に中腰姿勢が最も疲れる．

図 4.13 に，中腰状態の体幹モデルを示す[11]．体重 $W = 75\,\mathrm{kgf}$ で体幹を $\theta = 30°$ 折り曲げた場合，F_e，F_p は以下のように求められる．

$$F_e = 2.89\,W\cos\theta = 2.5\,W = 187\,\mathrm{kgf}$$

$$F_p = 2.74\,W = 205\,\mathrm{kgf}$$

想像するより巨大な力が骨にかかることがわかる．この原因は，力を受けもつ筋肉は骨に沿って存在し，骨格との角度が小さいことにある．

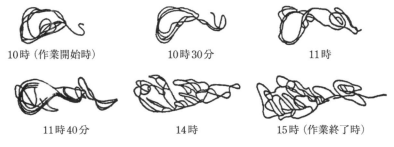

図 4.12 疲労による動作の乱れ（圧延作業時の腰の動き）[10]

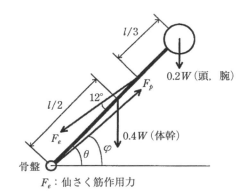

図 4.13 中腰状態の体幹モデル[11]

Lecture.4　人間の形態・運動機能特性と設計

　図 4.14 は，腕にかかる負荷である[11]．重さ 21 kgf のダンベルをもつだけで，二頭筋には 250 kgf の負荷がかかる．これは，二頭筋がもち得る概略最大の荷重である．また，腕を水平に保つだけで腕の自重の 7.7 倍の重量の負荷がかかる．このように，ある姿勢を保つだけでも身体は大きな負荷を受ける．そして，継続的姿勢による疲労は蓄積されていく．

　また，ものをもち上げるときは骨が支点となり，筋肉を使い，てこの原理でもち上げる．たとえば，背筋と背骨の距離から 10 倍離れた重さ 10 kgf の荷物をもち上げようとすると，背筋には 100 kgf の収縮力が必要となり，結果的には背骨には 110 kgf の負荷がかかることになる．しかし，背筋と背骨の距離から 5 倍離れた点でもち上げるならば，筋収縮力は 50 kgf，背骨負荷は 60 kgf ですむ．そのため，荷物をもち上げるときには，できるだけ体に近づけた状態でもち上げるほうがよい．このように，作業姿勢や方法も疲労に大きく影響を与えるので注意が必要である．また，体幹が膨張構造になると，骨にかかる力が 30〜50％ 減少することが知られている．よって，筋肉鍛錬は結果的に骨負担の軽減につながる．

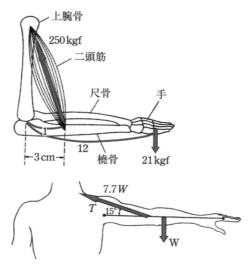

図 4.14　腕にかかる負荷[11]

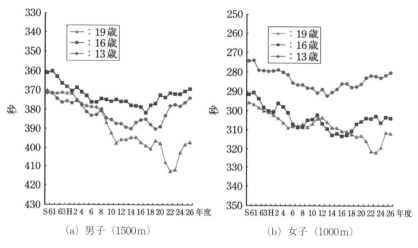

(a) 男子（1500m）　　　　(b) 女子（1000m）

図 4.15 持久走の年次推移 [12]

　また，人は疲れてくると，しっかりした姿勢を保てなくなり，前傾したり，もたれかかったり，座り込んだり，エネルギー消費の少ない仰臥姿勢に近い姿勢をとるようになる．電車の中の若者たちの中には，足を投げ出し，このような姿勢で腰掛けているものも少なくない．疲労は，体力に依存する．確かに，文部科学省の「体力・運動能力の年次推移の傾向」[12]によると，若い人の体力が下がってきている．体力を代表する持久走のデータを**図4.15**に示す．特に19歳男子の落ち方は著しい．体力の低下は，それを必要としなくなりつつある便利な現代生活の影響ともいえるが，生命力をもそがれかねない一面をもっていることには注意を要する．若者は，電車の中では不格好に座るのではなく，高齢者に席を譲り体力をつけてほしい．

4.4　椅子の人間工学

　脊柱は，安定性のあるばねの形状を保っている．4足歩行の動物，ハイハイする赤ちゃんは，脊柱が弓なりに変形することでその安定性を保っている．2足歩行になると，椎骨がそのままの形状であると不安定である．そこで，首と腰が

Lecture.4　人間の形態・運動機能特性と設計

湾曲して S 字状になることで，安定性と脚からの耐衝撃性を保つことになる．頸椎，腰椎でヘルニアを罹患しやすいのは，その形態にも一因している．

　このような形態の脊柱は，椅座位になるとさらに変形し，たとえば体重 70 kgf であれば，第 3 腰椎にかかる荷重は立位で 100 kgf であるのに対し，椅座位では 130 kgf もかかる．このように，椅座位は立位より腰には無理がかかる．最近は，オフィスでも椅子に座り続けることによる弊害をなくすために「立ち姿勢を取り入れた新しい働き方」が提唱され [13]，そのために高さを容易に調節できる机が取り入れられてきている [14]．また，椅座位でも，姿勢によりその荷重は変動する．前傾姿勢は最悪であり，これで多くの方々が腰を痛めていることだろう．そこで，椅子の背もたれを倒すと腰への荷重は小さくなる．とはいえ，倒しすぎると仕事にならない．背もたれを適度に寝かせて腰パットを入れて座るのが腰への負担を少なくする．

　人間工学を謳った**椅子**は多くある．OA 機器操作のための椅子の条件としては，以下のことが挙げられる [15]．

① 背もたれの傾斜が自由に変えられる
② 背もたれの高さが自由に変えられる
③ 座面の傾斜が変えられる
④ 座面の高さが変えられる
⑤ 座面の回転がスムーズに動く
⑥ 5 本足による安定した移動
⑦ キャスタは床の材質にあったもの（硬い床には軟質系キャスタ，柔らかい床，カーペットなどの床には硬質系キャスタ）
⑧ 肘は大きすぎないこと．作業中，十分に机に寄れる長さ（机にぶつからない）
⑨ シートは通気性のある材質．前縁部は膝下部，大腿部を圧迫しない形状になっていること
⑩ 調節レバーは手近に備わっていること

　そのほか，柔らかすぎる座面は安定せず疲れることが挙げられる．このような条件を満たす OA 椅子を利用し，以下のような姿勢でパソコンに向かうのがよい．

① 後傾姿勢（10〜20°）
② パソコン画面は目より下
③ 肘は90°以上（肘が机から5〜10cm前後高くなるようにする）
④ 足の裏が床に着く．足が床に着かないときには台を置く

日本では，古くから座禅がなされてきた．坐蒲（座布団のようなもの）の前方におしりを置き，そこと両膝の3点で上体を支え背筋をすっと伸ばす．この姿勢は腰への負担は少ない．

4.5 運動機能と作業域

4.5.1 運動機能

ヒトには**力の出しやすい方向や向き**がある．人間工学的には，もつだけで自然と力を出しやすい道具を設計する必要がある．まずは握るという観点から見ていこう．

図4.16は，手首の偏位と握力の変化を示している．自然に手をまっすぐ伸ばしたときが最も力が出る．左右上下にずらすだけで20%程度力は損失する．す

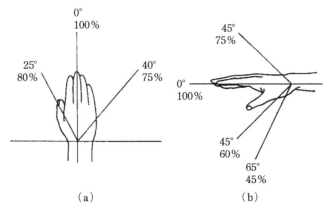

図4.16 手首の偏位と握力の変化[16]

ると，図4.17 (b) のようなラジオペンチでは，かなりの力の損失となることがわかる．道具としては，人間工学的に握りに適した形であることが望ましい．たとえば，電動ドリルなどの工具類などでは，それらが考慮されているものもある．

さて，力の入りやすさは，手の方向のみではなく，握りやすさも重要である．図4.18は，握りの直径と握力との関係を示したものである[16]．これは欧米人を対象とした実験結果であるが，この図からも最適な直径があるように考えられる．

では，作業するときの姿勢についてはどうであろうか．まず，立位姿勢であ

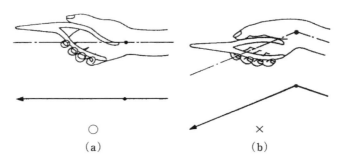

図4.17　曲がった握りのペンチとまっすぐなペンチ[17]

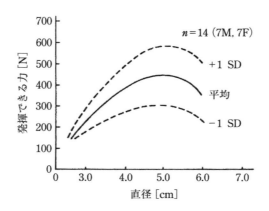

図4.18　握りの直径と握力（欧米人）[16]

る．図 4.19 は，立位の場合の上肢の**方向別操作力**を示している[18]．正面方向の前後，側方は弱いことがわかる．上方もしくは斜め上が強い力が発揮でき，また，引くよりも押す力のほうが強いことがわかる．

一方，図 4.20 は椅座位の場合の手の**操作力**である[19]．力ベクトル軌跡の楕円の長軸が体の胸部に向かっているのは興味深い．力の出せる順序としては，前後，回転，上下，左右の順で，上下左右は前後の 1/3 程度である．また，調整に関しては，垂直方向より水平方向，側方より前後のほうが行いやすい．座位の場合は，自動車の運転などのように足を使うこともある．

図 4.21 は，座位の最大踏出し能力である[18]．図に示す最大力の 1/10 が持続力である．実際の自動車は斜め前にアクセルがあり，持続力も考慮されて検討されてきている．

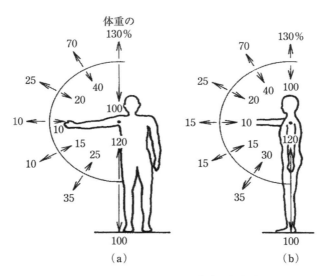

図 4.19 立位の場合の上肢の方向別操作力[18]

Lecture.4　人間の形態・運動機能特性と設計

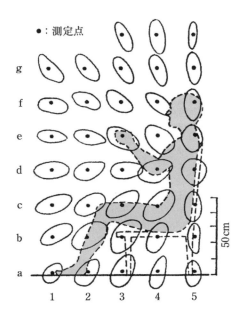

図 4.20　椅座位における手の操作力（測定点を中心としたベクトル軌跡）（青木）[19]

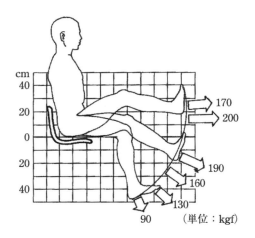

図 4.21　座位の最大踏み出し筋力[18]

4.5.2 作業域

以上の運動機能も考慮に入れ，効率的に作業が行われる作業域が検討されてきた．図 4.22 は，上肢平面作業域を示す[20]．肘を体につけたまま腕を回した範囲は**通常作業域**，手を伸ばして届く範囲は最大作業域と呼ばれる．**スクワイヤーズ**は，腕を動かすと肘が外側にも動くことから，それを考慮して通常作業域を修正した．作業の際には，手を素早く動かして作業する場合もある．

図 4.23 は，上肢の動作速度を示している[21]．静的な作業域とは異なり，前面には速く動かせるが側面への動きは遅い．したがって，素早く作業する工作物は，なるべく前面に置くのが望ましい．

座位状態での背もたれ角度と作業域について図 4.24 に示す[22]．背もたれ角度が大きくなると，作業域が前後に移動するだけでなく，前後可動範囲が狭くなることに注意する必要がある．パソコン作業時にはキーボード上に手が届けばよいが，車の運転時などで，あまりシートを倒していると緊急時に対応が遅れるなどの危険がある．

作業台の高さについては，図 4.25 に示す．座位作業では精密組立ては高めの作業台，記入作業，パソコン作業はほぼ肘の高さ，梱包などの粗作業はやや低

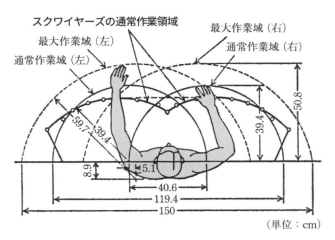

図 4.22　上肢平面作業域（欧米人）[20]

Lecture.4　人間の形態・運動機能特性と設計

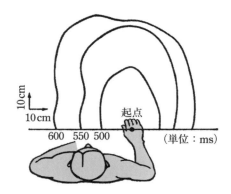

図 4.23　椅座位における上肢の動作速度 [21]

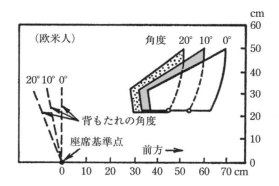

図 4.24　背もたれ角度の変化に伴う作業域の変化 [22]

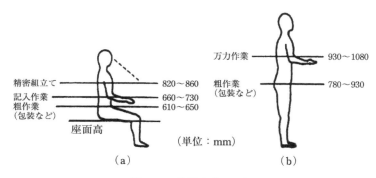

図 4.25 作業台高さ [23]

めの腰の高さ程度の作業台となる．これは，立位での作業でも同様であり，肘，腰の高さが目安になる．

4.6 操作器の設計

次に，スイッチやレバーなどの操作器について人間工学的に考えてみることにしたい．操作器に関しては，押しボタン，ペダル，トグルスイッチ，ノブ，クランク，ハンドホイールなど様々である．**表** 4.2 に，操作具の仕様の一例を示す [18]．その寸法のみではなく，操作のフィードバックに当たる操作抵抗，形状も重要である．

操作器を考えるときは，以下の六つに留意する．

① 形状
② 寸法
③ 操作法
④ 色彩
⑤ 位置
⑥ マーク

である．

Lecture.4　人間の形態・運動機能特性と設計

表 4.2　操作工具の仕様 [18]

	寸法	操作抵抗	形状
手動の押しボタン	直径d最小$=12\,\mathrm{mm}$ d最大$=30\,\mathrm{mm}$ 操作幅V最小$=3\,\mathrm{mm}$	最小$=250\,\mathrm{g}$ 最大$=1\,100\,\mathrm{g}$	≪備考≫ 押しボタン，取付けにも，操作に当たっても，わずかのスペースしかとらない．操作も，素早く行える．同時に二つ以上のボタンの操作が可能である
足操作の押しボタンとペダル	押しボタンの寸法 　直径d最小$=12\,\mathrm{mm}$ 　dの適値$=50\sim80\,\mathrm{mm}$ 　操作幅V最小$=12\,\mathrm{mm}$ 　V最大$=60\,\mathrm{mm}$ ペダルの寸法 　幅B最小$=75\,\mathrm{mm}$ 　高さH最小$=25\,\mathrm{mm}$ 　操作幅V最大$=60\,\mathrm{mm}$ 　（かかとの動きだけで踏む場合） 　操作幅V最大$=175\,\mathrm{mm}$ 　（脚全体を動かす場合）	スイッチペダル ・ペダルに足を休ませないとき 最小$=1.5\,\mathrm{kg}$ 最大$=7.5\,\mathrm{kg}$ ・ペダルに足を休ませるとき 最小$=4\,\mathrm{kg}$ 最大$=9\,\mathrm{kg}$ 制御ペダル ・ペダルに足を休ませないとき 最小$=1.5\,\mathrm{kg}$ 最大$=7.5\,\mathrm{kg}$ ・ペダルに足を休ませるとき 最小$=4\,\mathrm{kg}$ 最大$=9\,\mathrm{kg}$	≪備考≫ 立位作業にはペダルを決して使ってはならない
トグルスイッチ	直径d最小$=3\,\mathrm{mm}$ d最大$=25\,\mathrm{mm}$ 長さl最小$=12\,\mathrm{mm}$ l最大$=50\,\mathrm{mm}$ となり合ったセット位置の間隔 $\alpha=$最小$40°$	最小$=0.25\,\mathrm{kg}$ 最大$=1.5\,\mathrm{kg}$	

たとえば，つまみ形状などについての必要条件は，以下のようになる[24]．

① 回転しやすい形状であること
② すべりを止めるテクスチャが適当である
③ つまむのに必要な高さである
④ ノブのそれぞれが目で見なくても区別できるものである
⑤ ノブの位置が一目瞭然である
⑥ 適当なフィードバックのよりどころをもっているものである
⑦ 調節する対象物を自然に連想させるような形状である
⑧ 遊び・死角あるいは戻りがない

　また操作については，その結果，発生する応答との**対応整合性**を考慮する必要がある．対応には，「**方向対応**」と「**位置対応**」がある．「方向対応」は，操作器を操作する方向とその結果生ずる応答が関連づけられる．「位置対応」は，操作部の位置と，その結果生ずる応答が関連づけられる．

　応答は，一般には増大・減少，始動・停止，上方・下方，右方・左方など，反対の結果が生ずる場合が多い．これらの場合は，**表** 4.3 の関係が推奨されている（JIS C 0447）．ただし，特殊な場合の例（＊）もあるので，注意を要する．

表 4.3　操作部の操作方法と配置（JIS C 0477 より）

	グループ 1	グループ 2
操作部の操作方向 （方向対応）	上へ 右へ 前方へ（押す）＊ 時計方向に	下へ 左へ 手前へ（引く）＊ 反時計方向に
操作部が 2 個の場合の配置 （位置対応）	上 右 前方	下 左 手前

操作部：ハンドル，ノブ，レバー，押しボタンなど
結果の現れ方　　グループ 1：　増大，始動，加速，電気回路の閉路，
　　　　　　　　　　　　　　　上方，右方，前方
　　　　　　　　グループ 2：　減少，停止，制動，電気回路の開路，
　　　　　　　　　　　　　　　下方，左方，後方

＊：　レバーを前後（向こうと手前）に動かして物体を上昇・下降させる場合は，手前向き（引く）が上昇，向こう向き（押す）が下降とするのが一般的であり，推奨する

また，図 4.26 に示すように，表示指針の動きと操作の方向関係も関連づけた対応が望ましい．

ところで，かつてレバー式の蛇口は上に上げると水が出る上げ吐水型と，下に下げると水が出る下げ吐水型の2種類があった．人の感覚としては，水は下に落ちていくものであるから，下に下げて放水する下げ吐水型のほうが感覚には合う．

筆者の一人が前任の古い大学官舎で単身赴任していたとき，そこは下げ吐水式蛇口であった．ある日，仕事を終え部屋に戻ると，蛇口が全開で水がじゃんじゃんあふれていたことがある．キッチンの窓に干していたまな板が何かの拍子にその蛇口を直撃したようである．現在では，レバー式の蛇口は上げ吐水式になって規格化されている．これは，阪神大震災がきっかけといわれている．震災時に下げ吐水式蛇口に落下物が直撃し，多くの家屋で放水が続き水圧が下がり断水になった経緯からである．

さて，ヒトが物事に反応するときには操作方向のみではなく，その位置が重要である．位置の情報が利用できるときには，生来ヒトは必ず利用するようになっている．心理学では，サイモン効果としてしばしば説明される．

図 4.27 は，コンロとつまみの位置対応の実験である[26]．数字は1200回中の誤操作の回数である．誤操作が0回のコンロ台では，つまみ位置とコンロの対応がつきやすい．一方，129回と誤動作が最も多いコンロでは，対応が難解であり，慣れるまでに時間がかかりそうである．自動車のパワーウインドにも位置情報が利用されている．

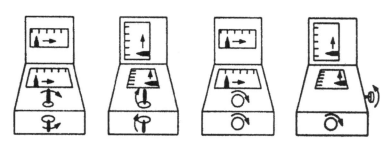

図 4.26　操作方向と指針の方向[25]

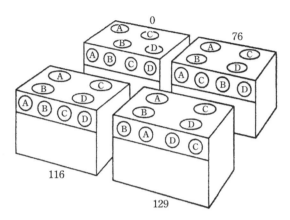

図 4.27 コンロとつまみの位置関係による操作ミス回数（1200回試行）[26]

図 4.28 は，パワーウインドコントロールスイッチの今昔である．現在は各座席位置に対応したボタンとなっており，ミスをすることはほとんどないが，昔は横一列に並んだボタンである．これも窓とボタンとの対応に慣れるまでが大変であった．

機器の操作と応答の対応については，その整合性がとれていないと操作ミスをおかす要因となり，また操作時間が長くかかり，疲労やストレスにもつながる．したがって，設計時には十分注意する必要がある．

(a) 今　　　　　　　　　　(b) 昔

図 4.28 パワーウインドー操作ボタン配置の今昔

Lecture.4　人間の形態・運動機能特性と設計

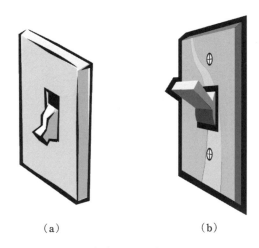

　　　　　　（a）　　　　　　　　（b）
　　　　　図 4.29　どちらのスイッチがON？

　では最後に問題．**図** 4.29 のスイッチはどちらが ON か？
　答えは，かつて両方とも ON であった．図（a）はイギリス方式，図（b）はアメリカ方式であり，Population stereotype といわれ，国民性による動作の習慣の問題である．海外旅行に行った際は，とりあえず部屋の電気のスイッチはパチパチと切り替えてみないとどちらで電気が点くのかわからない．感覚は国民性による動作の習慣に大きく影響される．とはいえ，海外に行かなくても階段などのスイッチは1階側と2階側とでトグルスイッチになっている場合が多く，切り替えれば電気が点くというような場合はあまり意識しなくても良い問題であるかも知れない．

参 考 文 献

1) 産業技術総合研究所：AIST 人体寸法・形状データベース；
https://www.dh.aist.go.jp/database/index.php.ja（2016）
2) 小原二郎 ほか：人体を測る，日本出版サービス（1986）.
3) 野呂影勇 編：図説エルゴノミクス，日本規格協会（1990）.
4) スポーツ庁：平成 27 年度体力・運動能力調査結果の概要及び報告書について；
http://www.mext.go.jp/sports/b_menu/toukei/chousa04/tairyoku/kekka/k_detail/13
77959.htm（2015）
5) 河内まき子：人体寸法の変化と時代の変遷，AIST Today（2003）；
http://www2.ttcn.ne.jp/honkawa/2182.html
6) 野呂影勇：調査実験人間工学，日刊工業新聞社（1982）.
7) 小原二郎 （大内）：暮らしの中の人間工学，実教出版（1979）.
8) 畠山絹江：「体形の時代変化と JIS 衣料サイズの問題 – 成人男子について – 」，計測と
制御，36, 2（1997）pp.95-99.
9) 佐藤方彦：人間工学概論，光生館（1971）.
10) 労働科学研究所：新労働衛生ハンドブック，労研出版部.
11) H. J. Metcalf（三重大学バイオメカ研究グループ訳）：バイオフィジックス入門，コロ
ナ社（1985）.
12) 文部科学省：平成 26 年度体力・運動能力調査結果の概要及び報告書について；
http://www.mext.go.jp/b_menu/toukei/chousa04/tairyoku/kekka/k_detail/1362690.h
tm（2016）
13) 榎原 毅：「労働の変化と人間工学」，日本人間工学会 第 55 回大会講演集（神戸）（2014）.
14) 岡村製作所：「立ち姿勢を取り入れた新しい働き方」；
http://www.okamura.co.jp/ergonomics/standing/
15) 野呂影勇 編：図説エルゴノミクス，日本規格協会（1990）.
16) Eastman Kodak Co.：Ergonomic Design for People at Work., Vol. 2, Van Norstrand
Reinhold Co.（1983）.
17) E. R. Tichauer：The Biomechanical Basis of Ergonomics, John Wiley & Sons（1978）.
18) F. Kellermann *et al.* （小木和孝 訳）：人間工学の指針，日本出版サービス（1975）.
19) 浅居喜代治 編：現代人間工学概論，コロナ社（1980）.
20) E. J. McCormick：Human Factors Engineering, McGraw–Hill（1964）.
21) 真鍋春蔵 ほか：人間工学概論，朝倉書店（1968）.
22) C. T. Morgan *et al.*（近藤武他 訳）：人間工学データブック，コロナ社（1963）.
23) 小原二郎 （ほか編）：建築・室内・人間工学，鹿島出版（1975）.
24) 大島正光：人間工学，コロナ社（1976）.
25) E. Grandjean （人間工学研究会編）：人間工学入門，日刊工業新聞社（1983）.
26) E. Grandjean：Fitting the Task to the Man, Taylor & Francis（1985）.

Lecture.5　人間の感覚・反応特性と設計

これまで人間の感覚の仕組みについては述べてきた．人間工学では，感覚や反応特性を人間システムの特徴としてとらえ，環境との相互作用を考えていくため，本章からは，この観点から視覚システム，聴覚システム，皮膚感覚システム，神経システムを見ていくことにする．

5.1　視覚システム

日常生活において最も使用頻度が多いのが，**視覚システム**である．外界からの情報の80％は**視覚**から得られるともいわれる．まず，環境条件との関係から，その特性を人間工学的にとらえてみる．

5.1.1　視覚に関する条件

まず，**表 5.1** に視覚に関係する環境と人間の条件について示す[1]．身のまわりの環境を色とりどりの美しい世界ととらえることができるのは，人間の視覚

表 5.1　視覚に関係する環境と人間の条件 [1]

環境の条件	人間の条件
1. 照度	1. 瞳孔径
2. 輝度	2. 透過度
3. 色彩（色相，明度，彩度）	3. 網膜感度
4. まぶしさ	4. 暗順応
5. 輝度分布	5. 視力
6. 視界・視覚	6. 視野
7. 文字・形などの大きさ	7. 分解能
8. 文字・形などの大きさと太さ	8. 水晶体の色
9. 光沢	9. 比視感度
10. 透過度（空気などの）	10. 錯覚などの心理的要因
11. 露出時間	

69

Lecture.5　人間の感覚・反応特性と設計

システムにおけるフィルタリングによるものである．これらをサッケードにより高速サンプリングし，脳に取り入れていることは以前述べたとおりである．「ものの見え方（視認性）」は，表 5.1 の多くの条件に依存しているのであり，視認性を向上させるためには，人間の多様な特性を理解し，環境条件を適切に合致させる必要がある．適度な照度，文字の大きさ，太さ，色，それぞれが人の条件にマッチし，最も見やすく疲れにくい最適な環境を整えることが視覚に関する人間工学といえる．

5.1.2　視 覚 特 性

図 5.1 に，**視野と弁別能力**を示す [2]．まず，視野の上限は 50〜55°，下限は 70〜80°であるが，45°以上からの太陽光は気にならないようになっている．とはいえ，上限下限付近では色彩は識別できない．それは，前述したように色が識別できる目の中心付近からずれるためである．適切な視覚表示器の最適視認範囲は水平から下へ 30°までの範囲であり，視方向は立位と座位でやや異なる．また，左右方向ではシンボルの認識限界が左右 30°，文字が 10°である．視野内の**情報受容特性**は，以下のようになる [3]．

①　弁別視野：視力・色別高精度受容（数度以内）

②　有効視野：眼球運動内で瞬時に情報受容（左右約 15°，上約 8°，下約 12°以内）

③　注視安定視野：頭部運動が眼球運動を助け，無理なく注視が可能（左右 30〜45°，上 20〜30°，下 25〜40°以内）

④　誘導視野：対象の存在が判定できる程度，空間感覚に影響を与える（水平 30〜100°，垂直 20〜85°）補助視野：強い刺激に注視動作を誘発させる程度（水平 100〜200°，垂直 85〜135°）

以上を考慮に入れ**視覚表示器**を設計する必要がある．また，動いているものの認識に**動体視力**がある．自動車運転時に周りの情報収集をしようとしても，**図** 5.2 に示すように速度が上がるとともに視力は落ちる [4]．さらに，速度とともに注視点距離が伸びて視野が狭まることも注意する必要がある．また，物体が同一方向に一定時間以上動いているのを見たあとでは，停止しているはずのものが，いままでと逆方向に動いているように感じる錯覚もある．これは，運

70

5.1 視覚システム

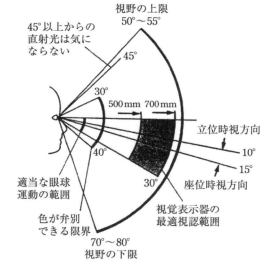

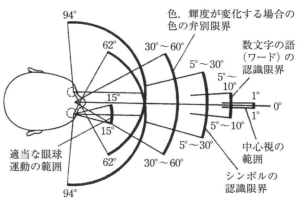

図 5.1　視野と弁別能力[2]

Lecture.5 人間の感覚・反応特性と設計

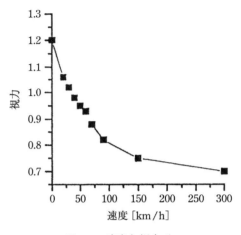

図 5.2 速度と視力 [4]

動残効と呼ばれている現象である [5]．それは，人間の脳が動いているという感覚のみ抽出し，一定時間同じ刺激が与えられることにより特定の角度に反応する脳細胞の反応が鈍化することによって生じる．

また，図 5.3 は明暗のコントラストを知覚した場合の感度を調査したものである [6]．これにより，視覚の空間周波数特性（縞模様の視認性）と時間周波数特性（点滅の視認性）を知ることができる．人間の目は，暗いところでは高周波数側にいくほど知覚しづらくなる．しかし，ある程度明るいところでは知覚するのに最適な周波数があることがわかる．小さな幅での明暗の繰返しはよくわからないといえる．つまり，ロゴや商標などに細かなデザインを施しても認識されにくいということである．さらに，それらを離れた場所から認識する場合は，以下の特徴となる [1]．

- 角が丸く見える
- 分離がつながって見える
- 出っ張りが消えて見える
- 方向が傾く
- すべては最後に丸く見える

図 5.4 は，離れたときの形の見え方の変化として"T"がどのように認識され，

5.1 視覚システム

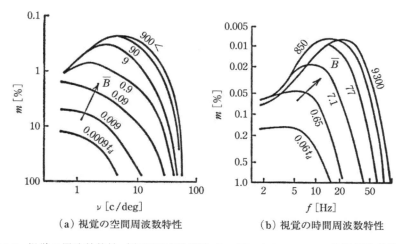

(a) 視覚の空間周波数特性　　(b) 視覚の時間周波数特性

図 5.3　視覚の周波数特性（空間周波数特性 $B = \overline{B} + \Delta B \cos 2\pi\nu x$，時間周波数特性 $B = \overline{B} + \Delta B \cos 2\pi f t$，$B$：輝度，$\overline{B}$：平均輝度，$\Delta B$：変動輝度，$m = \Delta B/B$）[6]

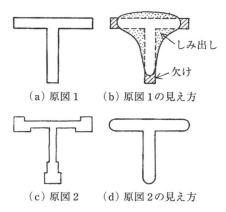

(a) 原図 1　(b) 原図 1 の見え方

(c) 原図 2　(d) 原図 2 の見え方

図 5.4　遠距離視による形の見え方の劣化とその対策[7]

それを防ぐためにどのような工夫がフォントにされるかを示している[7]．通常のTの文字〔図 (a)〕では，図 (b) のように，しみ出しや欠けが発生して，サドル状に見えてしまう．それを避けるために，前もって図 (c) のように端を強調することによって，図 (d) のように正常にTとして見ることができる．このように，視覚特性に合わせて対象を見やすくすることを**オブジェクト・エンハンスメント**（object enhancement）という．高速道路公団は，2010年より道路標識にこの考え方を利用した「ヒラギノフォント」〔大日本スクリーン製造(株)〕を採用した[8]．

さて，以上の視覚の特性を考慮に入れると，距離ごとに読みやすい文字の大きさを決めることができる．**図5.5**は，それを示している．文字の大きさ s [cm]，視角 θ〔単位は′ （分）で，1°の60分の1），距離 L [m] の関係は，以下のようになっている（θ の逆数が視力である）．

$$s = \theta \times L \times 0.0291$$

このように，文字の大きさは視距離によって最適な大きさが変動するため，視角でその要求値が決められている．英数文字の場合には，読みやすさを確保するためには，一般に16分以上がよく，20〜22分が特に推奨される．また，

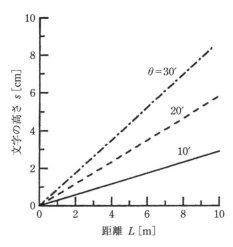

図 5.5　文字の大きさと視覚，距離との関係

漢字などを表示する場合には，一般に 20 分以上がよく，25～35 分程度が特に推奨される．視距離 50 cm で，20 分が約 2.9 mm となることから，ディスプレイの表示文字では，おおむね 3 mm 以上がよい[9]．ポイント表示では 10.5～12 pt が適切とされる．

また，文字の大きさ以外に文字の太さや背景色も考慮しなければならない．図 5.6 は，照度別の視認距離による読みやすい文字の太さを示している[1]．視認距離が離れると，照度を高くし，白地に 6 mm 程度の黒文字か，黒地に 3 mm

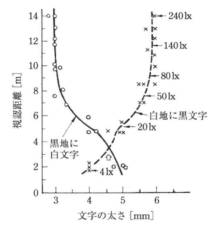

図 5.6 照度別の視認距離による読みやすい文字の太さ
（文字：風，文字の大きさ 5mm×5mm）[1]

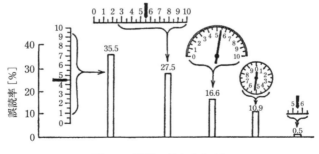

図 5.7 計器の見やすさ[10]

Lecture.5　人間の感覚・反応特性と設計

程度の白文字がよいことがわかる．黒地の場合，文字は細いほうがよいのである．ただし，照度が極端に低くなると，関係が逆転することがわかる．

　計器の見やすさについて**図**5.7に示す[10]．縦軸は誤読率になっている．縦型や横型よりも円形のほうが見やすく，自動車運転席の速度や回転数計器も円形が多い．右端は針が固定しており，目盛が動くものであり，誤読率が一番低い．

5.1.3　色に対する物理と生理・心理

　以上，文字の大きさや背景のコントラストについて述べてきたが，**色**で気を惹かれる場合がある．前項の運転席計器についても，最近は薄いオレンジ色や青色のものも多い．色は，人間が感ずる感覚であり，光（電磁波）の性質ではない．人間は，限られた波長〔380 nm（紫）〜 780 nm（赤）〕の範囲を色として認識する．可視範囲全域でエネルギーが等分布であれば白く感ずるが，スペクトル分布に変化があると色を感ずる．色は，単波長だけでなく単波長の合成でも得られるものである．色の3属性として，色相，明度，彩度がある．色相は，赤，青，緑といった色の様相の違いである．明度は明るさの違いで，最高明度は白，最低明度は黒である．彩度は鮮やかさの違いで，彩度が高いとその純色が強く，低いと白や黒の成分が増えて淡い色になる．

　色と心理・生理の関係を**表**5.2に示す[11]．色は，人間の心理・生理に大きな

表5.2　色と生理・心理[11]

項目	暖色系（赤，橙，黄）	冷色系（青紫，青，青緑）
温度	高い	低い
時間	早く経過	遅く経過
物体	長，大，重，進出	短，小，軽，後退
部屋	狭く	広く
暗順応阻害度	小	大
気分	陽気，興奮	陰気，鎮静
食欲	増進	抑制
血圧	高進	低下
成長	促進	抑制
乳分泌	促進	抑制
創傷治療	促進	抑制
性ホルモン	高める	低下させる
神経作用	興奮	鎮静

影響を及ぼす[12]．温度については，3℃違うという話がある．ある食堂では壁が青色であった．室温 21℃ では寒いといわれるので，24℃ に設定するも，まだ寒いといわれる．そこで，壁を橙色にしたところ，今度は 24℃ で暑いといわれ，21℃ に下げたら，ちょうど良いといわれたという．色に関する労働環境の改善では，ほかにも多くの話がある．

ロンドンのある工場では，女子工員の欠勤が多かった．**青色**照明で病人に見えるためと思い，灰色の壁を暖色系のベージュに変えたところ，欠勤が減ったという．また，工場の灰色の機械を橙色に塗り替えると，士気が上がり，事故も減少したといわれている．さらには，ロンドンのブラックライア橋は自殺の名所であったが，その橋梁を黒から緑に塗り替えることにより，自殺者は 1/3 に減少した．日本では，**青色**街灯が挙げられる．防犯効果があるというのである．これは，2000 年にイギリスグラスゴーで景観改善が目的で青色街灯を設置したところ犯罪件数が減少したことから導入が始まった．表 5.2 によると，青色という寒色系には気持ちを落ち着かせる働きがあることになる．日本でも空き巣などの犯罪件数の減少が紹介されているが，グラスゴーの場合は，照度が 20〜150 Lx と格段に高く，色以外の要素も大きいとの議論の続く中で導入が進んできている．

色による連想と安全色について**表** 5.3 に示す．ここでも，青は理性や抑制を連想させ，用心の安全色に用いられている．町中でよく見かける信号の停止や一時停止の交通標識は，赤である．赤は，興奮作用や進出効果があり目立ちやすいので，禁止や停止の安全色となっている．目のレンズ（水晶体）に対する屈折率の違いもあり，一般に長波長の暖色系の色は進出効果があり，短波長の冷色系の色は後退効果がある．

表 5.3　色と連想，安全色

色	連想	安全色　（JIS Z 9101, JIS Z 9103）
赤	情熱，活動，革命，血	防火，禁止，停止，高度の危険
橙	陽気，快楽，元気，みかん	危険
黄	希望，光明，向上，光	注意，明示
緑	安息，平和，バランス，自然	安全，避難，救護，進行
青	沈静，抑制，理性，海	指示，用心，誘導
紫	優美，神秘，霊，ぶどう	放射能

Lecture.5 人間の感覚・反応特性と設計

表 5.4 は，事故の多い車を色により順位づけしたものである [13]．青は後方に見えることから，最も事故が多い．かといって，赤が最も安全かというとそうでもない．赤い車はスポーツカーというイメージもあり，運転者の気質によるものが大きいかも知れない．

また，**色による心理的重さ**の違いを**表** 5.5 に示す [13]．白を心理的重さの基準としたもので，黒になると同じ 100 g のものが 187 g に感じる．引っ越しの段ボールなどに白が多いのは，作業員の心理的負担も考えてのことである．

色は，網膜の錐体視細胞（赤，緑，青を中心としたそれぞれ吸収波長の異なる視細胞）によって識別されるが，先天的に視細胞に欠損があり，赤と緑の区別がつきにくい**赤緑色覚障害者**が世界的にかなり存在する（日本男性 5 ％，女性 0.2 ％，欧米白人男性 10 ％，女性 0.5 ％）[14]．したがって，**色彩設計**には注意を要する．特に赤と緑の色だけで区別をつけるような設計は避けるべきであり，

表 5.4 車の色と交通事故率 [13]

順位	色	事故率［％］
1	青	25
2	緑	20
3	灰色	17
4	白，クリーム色	12
5	赤，マルーン色	8
6	黒	4
7	ベージュ，茶色	3
8	黄色，金色	2
9	その他	9

表 5.5 色による心理的重さの違い [13]

色	心理的重さ	倍率
白	100	1.00
黄	113	1.13
黄緑	132	1.32
水色	152	1.52
灰色	155	1.55
赤	176	1.76
紫	184	1.84
黒	187	1.87

目の高齢者特性にも配慮したカラーユニバーサルデザイン[15]が推奨されている.

5.2 聴覚システム

5.2.1 聴覚表示器

聴覚の仕組みについては前章で述べたので，ここでは**聴覚表示器**について述べる．聴覚表示器の例としては，注意を喚起する**信号音**（ベル，ブザー，チャイム，クラクション，ホイッスル）とメッセージの伝達を行う言語，合成音がある．視覚表示器と聴覚表示器のそれぞれの特徴について**表 5.6** にまとめた．それぞれに一長一短があり，それらを併用した障害者への対応が必要であるといえる．

また，音響情報と言語情報の特性の比較を**表 5.7** に示す[16]．この表から，**音響情報**は注意を喚起し，**言語情報**はメッセージを伝達する役割であることが明らかである．

表 5.6　聴覚表示器と視覚表示器の特性の比較

項目	聴覚表示器	視覚表示器
指向性	なし	あり
覚醒水準・注意の低下に対する伝達機能	良い	悪い
時間的保存	不可	可
複雑な情報伝達	時間がかかる	短時間に可
障害	見えなくてもよい	聞こえなくてもよい

表 5.7　音響情報と言語情報の特性の比較 [16]

項目	音響情報	言語情報
情報の内容	単純	複雑で柔軟
情報の時間性	ある時点だけの指示	将来の指示も可能
情報の交換性	一方的	迅速に交換可能
情報源	必ずしも明らかでない	明らか
周囲の条件（騒音など）	受けにくい	受けやすい
聞き手の条件	情報の意味が知らされている	特に条件は不要
聞き手に要求する行動	即時的な行動	聞き手の判断を経た行動

Lecture.5 人間の感覚・反応特性と設計

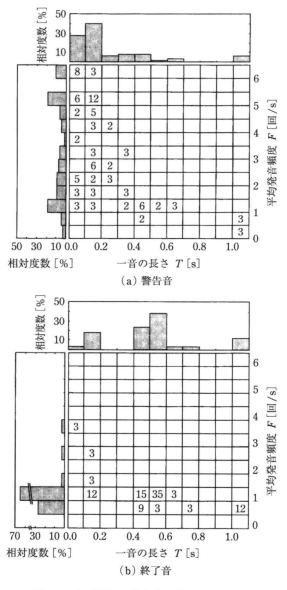

図 5.8 家電製品の警告音と終了音調査[17]

音響情報の例として，図 5.8 に家電製品の警告音と終了音の調査結果について示す[17]．警告音と終了音が似ている場合は問題である．報知音についての規格は，JIS S 0013 - 2011 で示されており，この JIS 規格が国際標準化機構（ISO）に提案され，2010 年に国際規格となった．

5.2.2 報知音音量の不快レベル

さて，報知音の音量についてはあまり検討されていないので，**不快レベル**（UCL: Uncomfortable Loudness Level）の観点から検討した結果について紹介する[18]．ここでは，トーンを報知音刺激として，大脳皮質の反応である聴覚野を起源とする聴性誘発脳磁界反応のうち，長潜時反応により評価した．

図 5.9 に長潜時反応を示す．ここでは，図中の N1m 振幅値と潜時（ピーク値

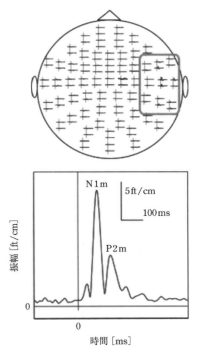

図 5.9　聴性誘発脳磁界反応 [18]

Lecture.5　人間の感覚・反応特性と設計

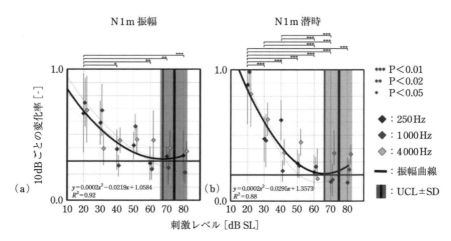

図 5.10　大脳新皮質（長潜時）反応のN1m振幅と潜時の変化率と不快レベル [18]

が現れるまでの時間）で評価した．図 5.10 は，報知音の刺激レベルが 10dB ずつ変化したときの聴性誘発脳磁界反応の振幅および潜時の変化率，さらに不快レベルとの関係を示す．不快レベルは，図中の網掛け部分である．振幅および潜時の変化率は，レベル増加にともない減少しており，変化率の最小値部分と不快レベルが重なることが確認できる．これにより，報知音のレベルが神経生理学知見に基づき，決定できる可能性があることが示されている．これまでは様々な警報音は現場で適当に音量を決めていたと思われるが，人間工学的に音量に裏づけを与えることも可能である．

5.3　皮膚応答システム

図 5.11 は，指先の**知覚受容器**の模型図を示している [19]．皮下組織で圧覚，真皮で温冷覚，表皮で触痛覚を受容している．人間工学においては，ものに触れ操作を行う触覚が最も重要である．触覚システムで最も広く用いられているのが，ノートパソコンやスマートフォンなどの触覚デバイスである．「タップ」(1回押す)，「フリック」（画面を押してからはじくように動かす），「スワイプ」（画

5.3 皮膚応答システム

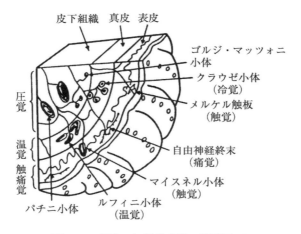

図 5.11　指先の知覚受容器の模型図 [19]

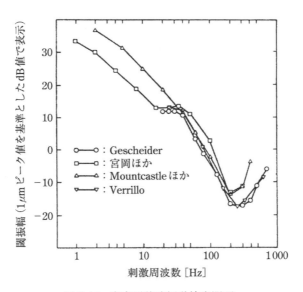

図 5.12　皮膚正弦波振動検出閾 [20]

面を押してゆっくりと指を動かす）という言葉も浸透しつつある．また，最近では意図的に振動などの触覚をつくり出し，操作感をフィードバックするものもある．

図5.12は，皮膚の正弦波振動検知閾である[20]．聴覚におけるラウドネス特性同様，皮膚も周波数により知覚が変化し50 Hz付近で特性が変化していることがわかる．触覚は，操作感ばかりでなく，聴感印象も変化させることが明らかになっている．指先への振動刺激という触覚の有無により，その音が大きく聞こえたり[21]，音の金属感（鋭さ）の印象が向上したりする結果[22]も報告されている．

5.4 振動応答システム

図5.13に，人体の簡単な**振動モデル**を示す[23]．頭が約25 Hz，眼球が30〜80 Hz，

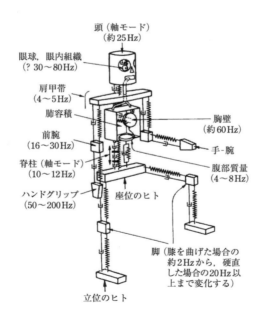

図 5.13　人体の簡単な振動モデル[23]

前腕が 16〜30 Hz など,それぞれに固有振動数を有している.様々な振動をともなう作業の場合,これらの共振により人体に大きな負担がかかることがわかる.なお,100 Hz を越える振動では,このような簡単なモデルでは表せない.

図 5.14 は,立位と座位の場合に垂直振動を受けるときの加速度比を表している[1].作業台が揺れる場合,あるいは振動体に乗っている場合,それらの振動

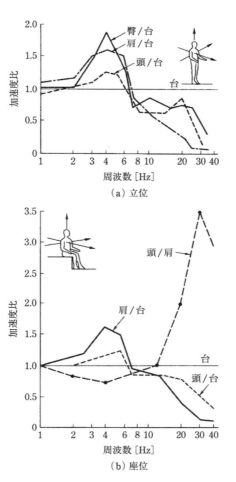

図 5.14 体各部への垂直振動伝達[23]

Lecture.5 人間の感覚・反応特性と設計

により体に大きな負担を与える．立位の場合は 3〜6 Hz，座位の場合は 3〜6 Hz のほか，20〜30 Hz にピークをもっている．これらのことに留意しながら，作業や乗り物の設計をする必要がある．

5.5 神経システム

5.5.1 反応処理プロセスと反応時間

外界から刺激を受けて人間がある行動を起こすまでの時間を**反応時間**という．単一刺激を処理する場合，目で情報を得て手で操作を行うときのプロセスは，**図 5.15** のような流れとなる[24]．視覚処理に $T_E = 230$ ms，その知覚処理に $T_P = 100$ ms，その認知処理に $T_C = 70$ ms，運動処理にも $T_M = 70$ ms という具合である．手が動き応答するには，対象物までの距離と寸法が関係する．この場合は $T_H = 10 \log_2(D/S + 0.5)$ ［ms］となり，D は対象物までの距離，S は対象の寸法である．これらをすべて合計した時間 T_S が単一刺激における処理時間である．よって，$T_S = T_E + T_P + T_C + T_M + T_H$ である．これらの処理を行ううえで，"**記憶**"が重要となる．記憶には大きく 3 種類あり，**感覚記憶**，**短期記憶**，**長期**

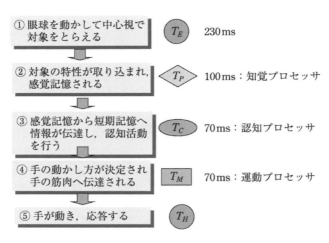

図 5.15 単一刺激処理における反応時間[24]

記憶である．

図 5.16 は，認知モデルである[25]．入力刺激が感覚器に与えられ，感覚記憶する．視覚の場合は，1 秒程度，聴覚で 4 秒程度である．その後，特徴抽出を行い，知覚，認知へと進む．その後は，短期記憶の段階になる．ここで，記憶は取捨選択され，忘却するものと何度もリハーサルを繰り返されるものに分別される．短期記憶は 4〜10 秒程度の記憶保持と**マジカルナンバー**とも呼ばれる 7±2 個（チャンク）程度の記憶容量をもつ．チャンクは，Miller（1956 年）によって単なる個数ではなく認知するための情報のかたまりと定義されている．対象は，その後，復唱（リハーサル）や特長により長期記憶に至る．データ推進方向に沿って話をしてきたが，概念推進方向から見ると，長期記憶の情報が認知・知覚過程まで下に降りてきて認知作用が行われて概念が推進されるといわれる．この記憶のプロセスに大きく関係するのが脳における海馬である．また，長期記憶は大脳皮質で行われる．脳における記憶の検索が非常に効率的であることから，その研究が情報科学分野へも波及しつつある．

認知プロセスが増せば増すほど反応時間がかかる．図 5.17 は，認知作業が異なる場合の反応時間の違いである[26]．単純反応では 240 ms 程度であるが，照合，反応決定や分類などと認知作業が複雑化することにより時間がかかる．このような単純な処理であれば，認知プロセスの単純な加算で考えることができる．一方，短時間に連続して情報が与えられたときは，次に与えられた情報を記憶にとどめながら処理をすることになる．これは，人間が並列処理を実行できないためで，単一チャンネル機構であることを意味している．

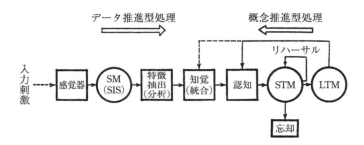

図 5.16 認知のモデル（SM：感覚記憶，STM：短期記憶，LTM：長期記憶）[25]

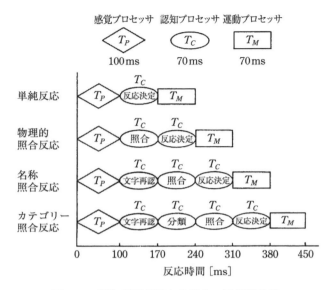

図 5.17 認知処理が異なる場合の反応時間 [26]

聖徳太子は7人の話を同時に聞いたというが,通常の人間には無理である[27].多くの会話から1人の情報を取り出し処理するカクテルパーティー効果で単一チャンネル機構を生かすことはできる.しかし,往々にして多くの情報に対応しなければいけない.特に,自動車の運転では車の操作はもちろん,交通規制情報,歩行者,対向車,二輪車,車間距離などなど,膨大な量の情報を処理しながら操作をしている.自動車免許を取るために教習所に通う高校生には,熟練ドライバーはまさにスーパーマンに見えるものだ.

このような情報過多になると,人間は以下のような対応をとることになる.

- 未処理
- エラー
- 処理遅延
- 処理の簡略化(内容の偏り,質の低下)
- 他の処理方法の援用
- 処理の放棄

である．

　車の運転で考えてみると，①信号の見落とし，②アクセル，ブレーキの間違い，③ブレーキが遅い，④二輪の見落とし，⑤助手席搭乗者に頼むなどである．人間の情報処理には限界があり，車のスピードが速くなれば情報量も多くなり，対応しきれずに事故を起こす可能性は高くなる．

5.5.2　情報量と反応時間

　ここでは，少し定量的に**情報量**を考えてみたい．まず，情報の定義であるが，情報とは「可能性をもついくつかの事柄の中から特定の一つを指定し，情報を得る以前にあった不確かさを解消すること」である．そして，情報量とは情報の内容の豊富さをいい，その単位はビット（bit＝binary digit）で表され，バイト（1 byte＝8 bit）でまとめて表記することが多い．2者択一では1ビットの情報量，4者択一では2ビットの情報量が必要である．一般に，$N=2^n$ 者択一には n ビットが必要である．対象 N 個から1個を取り出す確率 p は $p=1/N$ であるので，以下のようにも表せる．

$$n = \log_2 N = \log_2 \frac{1}{1/N} = \log_2 \frac{1}{p} = -\log_2 p$$

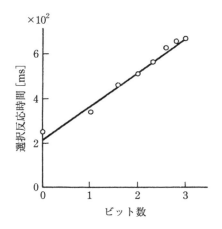

図 5.18　情報量と選択反応時間との関係[28]

たとえば，0～9 から数字を一つ選ぶ場合は $\log_2 10 = 3.3$ bit，アルファベットを一つ選ぶ場合は $\log_2 26 = 4.9$ bit である．熟練者の場合，8～10 bps（bit/s）の処理が可能であるといわれる．

図 5.18 は，N 個の中から 1 個を選択する反応時間を調べた実験で，情報量と選択反応時間との関係である[28]．選択反応時間は，選択数 N ではなく情報量 n（ビット数）に比例することがわかる．

5.5.3　計数反応時間

目で対象数を素早く数える場合の反応時間（**計数反応時間**）は対象数に比例するが，対象数が 5 個程度までに比べてそれ以上となると，その勾配が格段に大きくなることがわかっている（Kaufman, 1949 年）．

図 5.19 において，図（a）はすぐに 3 個と認識できると思うが，図（b）は数え上げないとわからない．これは，脳の処理過程が異なるためと考えられている．前者は**サビタイジング**（subitizing：即時把握），後者は**数え上げ**（counting）と呼ばれる．

図 5.20 は，1～15 個の LED をランダムに短時間 5 ms だけ点灯させたときの計数反応時間を調べたものである[29]．この結果から，サビタイジング効果は静的に提示された対象だけでなく，視覚イメージあるいは視覚短期記憶中の対象にも適用されることを示している．このサビタイジング効果は，前述の短期記憶の容量マジカルナンバー（7±2）に近いことは興味深い．

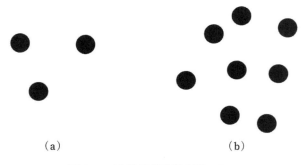

図 5.19　計数反応時間を調べる

5.5 神経システム

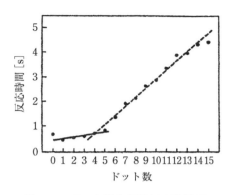

図 5.20　ドット数と計数反応時間 [29]

5.5.4　注意と反応時間

　さて，これらの数え上げは静止した物体を対象としていたが，物体が動く場合，予測することで反応時間の遅れを稼いでいる．感覚データから知覚までの遅れ時間を予測により補うのである．これには**閃光遅延現象** [30] がある．
　図 5.21 は，この現象の紹介デモ [30] である．×のまわりを円が閃光を発しな

図 5.21　閃光遅延現象 [30]

91

Lecture.5 人間の感覚・反応特性と設計

がら回っている．×に焦点を合わせて目の端で円を観察すると，円全体に閃光を放つはずが，円の後ろ半分ぐらいしか認識できない．前述のように，視覚情報処理には時間がかかるため，物体の位置を予測するが，これは動いているもののみに対して行われる．閃光は，静止しているものと同じであるので，位置推定されない．よって，推定と認識のずれをこのデモから体験することができる．このように，推定により反応時間を短縮しようとする仕組みが反応時間をうまく補っていることがわかる．

また，直前まで注意を向けていた場所やモノには，注意を再度向けるのに反応時間を要する．人間は，常に新しい刺激を認識し続けなければいけない．よって，その妨げになる無変化なものへの反応は抑制される．カーナビゲーションでのポップアップ表示（新たに窓を出してメッセージを吹き出す）などは，こういう意味からも有効であるといえる．また，無変化のものばかりでなく，一度無意味と定義した特定の刺激に再び注意を戻そうとしても，やはり反応時間がかかってしまう．これは，**負のプライミング**[31]と呼ばれている．しかし，情報量を極力落とし，効率的に情報処理をしようとする脳の便利な一面であることはいうまでもない．

5.5.5 反応時間に影響を及ぼす要因

反応時間は，感覚によりその**反応時間**が異なる．以下のような関係（数値[ms]）がある[32]．

触覚（115〜190）＞聴覚（120〜185）＞視覚（150〜225）＞冷覚（150）＞温覚（180）＞臭覚（200〜800）＞味覚（305〜1080）＞痛覚（400〜1000）

刺激強度が大きいほど反応時間は短くなる．

反応動作では，手と足を比べた場合，音刺激で単純反応を見ると，手（145 ms）＞足（175 ms）であり，やはり手の反応のほうが速い．ボタン押し反応（手）と口頭による応答（音声）を見た場合，音刺激では手（168 ms）＞音声（242 ms），光刺激では手（209 ms）＞音声（252 ms）と，やはりいずれも手の反応のほうが速い．よって，手による動作や操作のほうがストレスもなく，多数のインタフェースアプローチが用意されていたとしても，結局はそちらを選んでしまう可能性が高いといえる．

図 5.22 は，**刺激出現の予期**とその反応時間である[33]．横軸は予期の割合，縦軸は反応時間［ms］を表している．H, M, L は，提示確率 0.75, 0.5, 0.25 である．予期 0 は絶対に提示されない，予期 10 は絶対に提示されると，被験者に予期させて光刺激に対するボタン押しを行った結果である．予期した刺激への反応は速く，予期せぬ刺激への反応は遅いといえる．自動車運転や作業など，常に状況に注意し，予測して行動することが，迅速な対応ができて事故を少なくするといえる．この性質を利用して刺激の前に予告信号を与えるのが効果的である．刺激の 0.3 〜 0.5 秒前に与えると反応時間が最も短い．

また，反応時間には人間の条件も関係する．図 5.23 は反応時間の年齢差と性

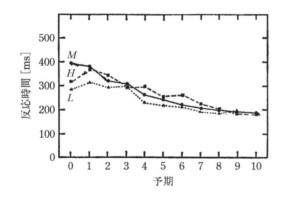

図 5.22　刺激出現の予期とその反応時間（山本剛史，1982 年）[33]

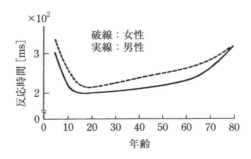

図 5.23　反応時間の年齢差と性差（光・単純反応）[34]

差である[34]．年齢では，10代にピークを迎え徐々に反応時間は長くなる．もちろん個人差もあるが，練習や動機づけなどにも影響される．また，同じ人物であっても，覚醒状態や疲労も影響する．

図 5.24 は，練習による効果である[35]．練習によりサビタイジングを超える個数の選択ではかなりの練習効果が見られる．

一方で，**図 5.25** は疲労による反応時間の延長である．せっかく練習により技能が上達したとしても，疲労により練習していない状態とほぼ同じ結果となっ

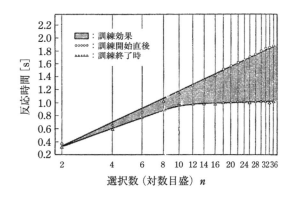

図 5.24 練習による反応時間の短縮[35]

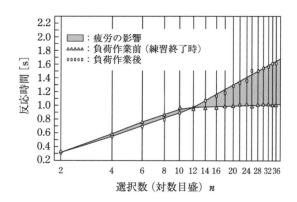

図 5.25 疲労による反応時間の延長[35]

ている．技能を熟練させるために練習を繰り返して身につけることの重要性が
このデータからもわかる．

参 考 文 献

1) 大島正光：人間工学，コロナ社（1976）.
2) Research Council, Royal Naval Personnel Research Committee, Operational Efficiency Sub-Committee：Hu-man Factors for Designers of Naval Equipment（1971）.
3) 畑田豊彦：「眼球運動と眼鏡」，眼鏡の科学, 7, 1（1983）p.6.
4) 佐藤方彦 監修：人間工学基準数値数式便覧，技報堂（1992）.
5) T. Stafford and M. Webb：Mind Hacks，オライリージャパン（2005）.
6) （a）F. L. Van Nes and M. A. Boumann（1967），
   （b）D. H. Kelly（1961）（樋渡涓二 編：視聴覚情報概論, 昭晃堂（1987））.
7) 浅居喜代治 編：現代人間工学，オーム社（1980）.
8) 村重至康：高速道路標識のレイアウト変更による視認性向上, IATSS Review, 40, 3（2016）pp.41-47.
9) 厚生労働省：新しい「VDT作業における労働衛生管理のためのガイドライン」の策定について：http://www.mhlw.go.jp/houdou/2002/04/h0405-4.html（2002）.
10) R. B. Sleight：" The effect of instrument dial shape on legi-bility ", J. appl. Psychol, 32（1948）pp.170-188.
11) 大島正光 （上田武人 編）：「色彩の心理生理」，色彩調節，技報堂（1953）.
12) 野村順一：色彩効用論，住宅新報社（1988）.
13) 野村順一：カラー・マーケティング論，千倉書房（1983）.
14) 伊藤 啓 監修：カラーバリアフリー 「色使いのガイドライン」（PDF），国立遺伝学研究所：https://www.nig.ac.jp/color/guideline_kanagawa.pdf
15) カラーユニバーサルデザイン機構：http://www.cudo.jp/
16) C. T. Morgan, J. S. Cook, A. Chapanis and M. W. Lund：Human Engineering Guide to Equipment Design, McGraw-Hill（1963）（近藤ほか 訳：人間工学データブック—機器設計の人間工学，コロナ社）.
17) 片倉憲治・松下一馬 ほか：「家電製品の報知音の計測 3 報」，人間工学, 36, 3（2000）p.105.
18) A. Shukunami, A. Otsuka, S. Ishimitsu and S. Nakagawa："Uncomfortable loudness level on auditory-evoked responses and spontaneous activity in the auditory pathway", Proceedings of inter-noise 2016, No.669（2016）pp.4514-4519.
19) Delmas and Delmas（1962）（鈴木 清 編：人間理解の科学，ナカニシヤ出版（1997））.
20) 野呂影勇 編：図説エルゴノミクス，日本規格協会（1990）.
21) H. Gillmeister and M. Eimer：" Multisensory integration in perception：Tactile enhancement of perceived loudness", Brain Res, 1160（2007）pp.58-68.
22) 尾茂井宏宏・石光俊介・阪本浩二：「ボタン押し音における触覚の聴感印象への影響について」，電子情報通信学会技術報告, EA 2009-90（2009）pp.85-88.
23) G. Rasmussen："Human body vibration exposure and its measurement", Brüel & Kjær Technical Review（1982）.
24) 横溝克己・小松原明哲：エンジニアのための人間工学，日本出版サービス（2014）p.83.

Lecture.5 人間の感覚・反応特性と設計

25) 樋渡涓二 編：視聴覚情報概論, 昭晃堂（1987）p.92.
26) S. K. Card *et al.*：The Psychology of Human-Computer Interaction, Lawrence Erlbaum Associates（1983）〔前掲文献 25）より〕.
27) 柏野牧夫：「カクテルパーティ効果」はどこまで解明されたか, 秋季日本音響学会講演会講演論文集（2016）pp.1183-1184.
28) R. Hyman："Stimulus information as a determinant of reaction time", J. Experimental Psychology, 45（1953）pp.188-196.
29) T. Oyama, T. Kikuchi and S. Ichihara："Spanof attention, backward masking, and reactiontime", Perception and Psychophysics, 29（1981）pp.106-112.
30) http://www.michaelbach.de/ot/mot-flashLag/index.html
31) T. Stafford and M. Webb：Mind Hacks, オライリージャパン（2005）.
32) T. Morgen〔H. S. Langfeld and H. P. Weld （Eds.)〕：Response. In E. G. Boring, Foudations of psychology, New York：Wily（1948）p.59.
33) 大山　正：「反応時間研究の歴史と現状」, 人間工学, 21, 2（1985）pp.57-63.
34) 東京都立大学身体適正学研究室　編：日本人の体力標準値　第 3 版, 不昧堂出版(1980).
35) H. Schmidtke und H. C. Micko："Untersuchungen über die Reaktionzeit bei Dauerbeobachtung", Westdeutch Verlag（1964）.

96

Lecture.6　ヒューマンエラーと信頼性設計

6.1　ヒューマンエラーとその対策

　ここでは，まず事例からヒューマンエラーを見ていき，その要因と対策について考察していく．

6.1.1　ヒューマンエラー

　航空機関連の事例を見ていこう．航空機関係の**ヒューマンエラー**は，日々新聞紙面を賑わしている．まずは，2005 年 6 月 5 日の高度を間違えて飛行した例を紹介する．この事例では，機長と副操縦士の高度計の表示が異なっていたことに起因している．機長は，第 3 のコンピュータにつないで確かめようと，間違えて副操縦士のコンピュータにつないでしまった．それで同じ値になったので自分の計器が故障と判断し，副操縦士のものに合わせた．しかし，実際は副操縦士の計器が故障していた．管制官も気がつかず，高度を間違えたまま 40 分間飛び続けた．空中衝突の危険性もある非常に危険なヒューマンエラーであった．

　また，2011 年 9 月 5 日には，トイレから戻った機長の入室要請に操縦室に 1 人でいた副操縦士がドアロックを解除するスイッチと間違えて，機首の向きを変えるダイヤル式スイッチを動作させ背面飛行して急降下するトラブルも発生している．旧機は，同じ所にドアスイッチがあったため，このようなヒューマンエラーが発生したと考えられる．

　1983 年 11 月 16 日には，自衛隊機のロケット弾誤射に関するトラブルがあった．幸いにして，辺りに民家はなく，人身被害もなかった．このミスは，操縦桿の右側にある機外との通話用ボタンを押すつもりで，誤って左側にある発射用ボタンを押してしまったというものであった．この初歩的なヒューマンエラーに加えて，機長も安全装置をかけ忘れているというヒューマンエラーが重なり，

Lecture.6　ヒューマンエラーと信頼性設計

このロケット弾誤射という事故につながった．軍用機では，オスプレイの度重なる墜落が問題となり，多くの方々が不安を感じている．この事故は，オスプレイそのものの欠陥というより回転翼操作に関するヒューマンエラーが原因であるといわれている．

　また，乗用車では，ブレーキとアクセルの踏み間違え，高速道路の逆走といったヒューマンエラーが高齢者を中心に頻発している．2011 年 6 月 15 日に東京都江戸川区で起きた事例では，歩行者 3 人をはねたあと，銀行に衝突して横転する事故を起こしている．事故を起こしたのは 81 歳のいわゆる高齢者ドライバーであり，交差点を左折しようとしてブレーキとアクセルを踏み間違えたことに起因する大きな事故となった．

　以上，航空機事故と自動車事故の例を挙げたが，**表 6.1** に，それぞれの**事故**に占めるヒューマンエラーの割合を示す [1]．この表から，自動車事故においてはヒューマンエラーの比率が 95.9 ％と圧倒的に高いことが確認できる．

　以上の事例などから，ヒューマンエラーは以下の四つに分類される．

① 　課せられた手続きを行わない．
② 　課せられた手続きを不完全に，または誤って行う．
③ 　課せられた手続きの順序，あるいは時間を間違えて行った．
④ 　課せられていない手続きを行った．

ヒューマンエラーは，ある意味では人間の優れた自由度（柔軟性）によるも

表 6.1　事故に占めるヒューマンエラーの比率 [1]

| 事故の内容 | 発生件数 | ヒューマンエラーによる | | 備考 |
		件数	比率 [％]	
列車事故	280	104	37.1	運転士のヒューマンエラー
航空機事故	278	209	75.2	パイロット・航空機関士のヒューマンエラー
石油化学事故	83	31	37.3	作業員のヒューマンエラー
自動車事故	8 329	7 985	95.9	ドライバーのヒューマンエラー

・列車事故：1975～1979 年の国鉄における列車衝突，列車脱線，列車火災
・航空機事故：1959～1983 年の全世界ジェット旅客機事故で原因が判明しているもの
・石油化学事故：1969～1978 年に堺泉北コンビナート 26 事業所で発生したもの
・自動車事故：1981 年に発生した自動車および原動機付自転車による死亡事故

のである．とはいえ，社会システムの巨大化・複雑化・高速化などによりヒューマンエラーが発生すると大事故につながり，その影響は計り知れない状況となる．

ヒューマンエラーへの対処方法はいろいろ考えられるが，人間そのものを排除し，完全機械化・自動化へ向かおうとする方向もある．しかし，すべてをそれで解決できるわけではないことは自明であろう．また，人間の能力を越えた巨大・高度技術システムについては，あり方そのものを再考しようという見方もある．後者は，"small is beautiful"であるとか，"Alternative Technology（もう一つの技術，適正技術）"として知られている．最近では，原子力発電に対して風力や太陽光などの再生可能エネルギー発電などがこれに対応する．

6.1.2　ヒューマンエラーの要因

図 6.1 に，ヒューマンエラーの要因を示す．ヒューマンエラーの要因として，外的要因であり，間接的な要因でもある「環境」と，内的要因であり，直接的な要因である「人間」のそれぞれの状態が挙げられる．外的要因には，表 6.2 にあるような 4M が挙げられる[2]．これは，NASA が事故原因の分析および対策構築のために用いたものである．ここでの「人間」は，「人間」そのものの誤操作ではなく，その背景を意味している．

また，機械インタフェースも，ミサイル発射ボタンと通話ボタンが似た形状で，対称の位置にあるというのは人間工学的設計とはいえない．さらに，環境も照明や騒音などのハード環境，マニュアルなどのソフト環境として外的要因となる．管理のあり方も重要な外的要因である．JR 福知山線脱線事故において

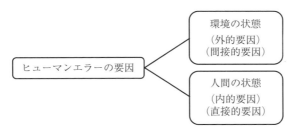

図 6.1　ヒューマンエラーの要因

Lecture.6　ヒューマンエラーと信頼性設計

表 6.2　外的要因（背後要因）[2]

項目	内容
人間（Man）	特性，技能，経験，性格，人間関係，健康，動機づけ，モラル
機械（Machine）	人間工学的設計不備
環境（Media）	ハード環境（照明，温湿度，音など） ソフト環境（作業方法・基準，手続き，規則）
管理（Management）	教育訓練，指導監督，健康管理など

管理責任が問われるように，今後は組織的管理がより大きな影響を占めてくるといわれている．

次に内的要因であるが，図 6.2 に人間の情報処理の過程を示す[3]．受容，処理，伝達の一連の処理において，情報を入力とし，操作を出力としてみていくことで，以下のように内的要因を分析できる[3]．

≪受容≫
- 情報は正しく提供されたか
- 正しく受け入れたか（見えなかった，聞こえなかった，間違って受け入れた）

≪処理≫
- 正しく認知されたか（見落とし，見間違い，意識レベル）
- 正しく判断されたか（複雑さに迷う，訓練・経験不足，情報不足）
- 正しく決定，指令されたか（手順の不確認，連絡不備）

≪伝達≫
- 正しく行動操作されたか（操作ミス，反射的，思い違い）
- 操作後のフィードバックはされたか（操作確認，ミス確認）

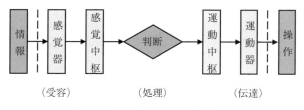

図 6.2　大脳の情報処理の順序[3]

図 6.3 は，作業・操作のエラーと関連事項を解析したものである[2]．情報を提供した場合にそれが正しく提供されない場合は，マニュアルや指示などに問題があり，その情報が感覚されなかった場合は表示板の位置，大きさや判読性などが問題となる．このように，エラーとその要因が関連づけられる．

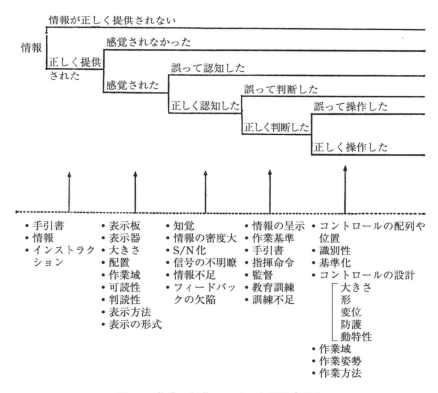

図 6.3　作業・操作のエラーと関連事項[2]

6.1.3　ヒューマンエラーの防止策

図 6.4 に，ヒューマンエラー防止対策の 3 レベルを示す．初段階では，ヒューマンエラーが起こらないようにするための外的要因・内的要因の適正化や信頼性設計が必要である．第 2 段階のヒューマンエラーが起きた段階では，それが起こっても安全といった信頼性設計が必要である．第 3 段階のヒューマンエラーにより事故や災害が起きた場合は，その拡大防止に対する信頼性設計が必要となる．

ここで，**信頼性設計**とはヒューマンエラーが起きてもシステム側で信頼性を高める設計をしておくことである（後述）．

人間の情報処理に影響を及ぼす要因を適正化するためには，以下が必要である．

① 情報の入力および機器の操作に関する人間工学的対策
② 意識レベル（覚醒レベル）の正常化を心がける（レベル異常時にも適切な対応がとれる訓練）
③ 動機づけの明確化（積極的意志，注意力）
④ 学習，訓練の徹底

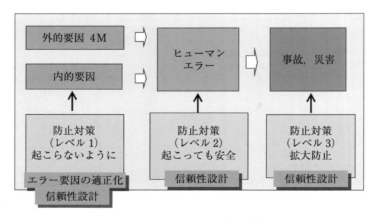

図 6.4　ヒューマンエラー防止対策 3 レベル

上に述べたもののうち，**意識レベル（覚醒レベル）**と人間の信頼性との関係について，**表** 6.3 に示す[4]．意識の状態が上がればよいというわけではなく，過緊張まで達すると，かえって信頼性は低下する．福知山線の脱線事故も運転手の過緊張が直接的要因ともいわれている．つまり，**図** 6.5 のように意識レベルと能率・安全との関係は最適な意識レベルがあり，それよりも低くても高くても能率・安全性は下がる．スポーツ選手のルーティンも，過緊張をせずにその能力を最も引き出す工夫とも考えることもできる．

ゲームや運転を楽しむという行為も，緊張せずにその能力を発揮している瞬間かも知れない．"楽しむ"という行為は，最もその能力を発揮し，そしてその主体者は「あっという間に時間が過ぎた」と時間感覚も忘れるほどの集中を示し，その能率も高いと考えられる．

図 6.6 は，レーシングゲームへの集中を皮膚温度により評価した結果である[5]．集中力が上がり，交感神経が活性化すると，血流量が増え，皮膚表面温度が下がるためである．最初の 5 分は安静とし，プレイヤーによりコースを周回する時間が異なるため，ゲーム開始から終了までは百分率で表した．縦軸は温度で

表 6.3 意識レベル（覚醒レベル）と人間審の信頼性との関係[4]

フェイズ	意識の状態	注意の作用	生理的状態	信頼性
0	無意識，失神	ゼロ	睡眠，脳発作	0
I	意識ボケ	不注意	疲労，単調，眠気，酒酔い	0.9 以下
II	リラックス	受動的	安静起居，休息，定常作業時	0.99〜0.99999
III	明晰	能動的	積極的活動時	0.999999 以上
IV	過緊張	一点集中	感構興奮時，パニック状態	0.9 以下

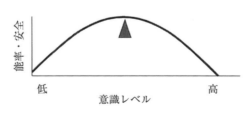

図 6.5 意識レベル（覚醒レベル）と人間の信頼性との関係

Lecture.6 ヒューマンエラーと信頼性設計

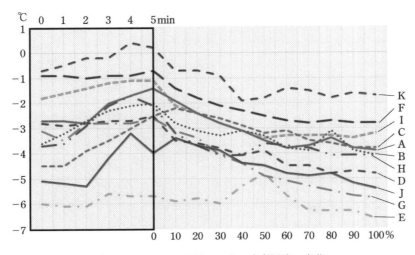

図 6.6 レーシングゲーム中の皮膚温度の変化

あるが，環境による皮膚温度の影響を考慮し，額の皮膚温度と鼻の皮膚温度との差を用いた．額の皮膚温度は，動静脈吻合の密度が低いため交感神経による支配を受けにくい．これに対して，鼻の皮膚温度は動静脈吻合が豊富にあるため交感神経による支配を受けやすいと考えられる．

　図 6.7 に示すように，白枠の内側を測定範囲とし，この範囲の平均値を解析に用いた．図 6.6 から 11 人中 10 人の被験者で安静時には皮膚温度が一定もしくは上昇傾向をとっている（黒枠）．ゲームプレイ時になると徐々に皮膚温度が下がる様子が確認される．レーシングゲームでレコード記録を競うことを楽しむような状態でも，このような解析により集中度を客観化することが可能である．集中度が高いと効率も高いとも考えられる．これは，生理学的に図 6.5 のような最適レベルを見出そうという試みの一端である[5]．

　さて，組織として，ヒューマンエラー防止に取り組むことはできないであろうか．ジェームズ・リーズンは，**安全文化**（組織に浸透した安全意識）として次の四つを挙げている[6]．

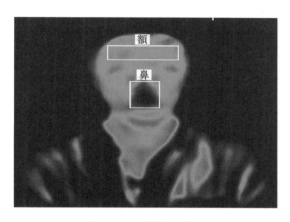

図 6.7　皮膚温度の分布

① 報告する文化：エラーやミスを報告することにより事故の芽を摘み取る
② 正義の文化：厳しく処罰・注意する規律
③ 柔軟な文化：組織の柔軟性（状況に応じた対応ができる）
④ 学習する文化：事例に学び改革していく意識

これらの安全意識によりヒューマンエラーへの対策が求められている．さらに，単に事故を起こさないことを目標にするだけでなく，生産性と安全性をいかにうまく積極的に向上させていくかの観点から，人間と組織のより広い安全・発展マネジメントを目指す**レジリエンス・エンジニアリング**（Resilience Engineering）の考え方が導入されつつある．ここでの基本思想は，以下のようにまとめられている[7]．

① システムは本質的に危険なものであり，人間と組織の柔軟性が変化する状況の中でシステムを安全に機能させている．
② 失敗事例より成功事例に注目し，失敗を減らすことより成功を増やすことに注力すべきである．
③ 組織のレジリエンス（弾性力，復元力）を高める方策が安全確保に重要である．

Lecture.6　ヒューマンエラーと信頼性設計

以上述べたヒューマンエラーに対処するための設計として信頼性設計がある．近年，システムが複雑化・巨大化・高速化し，その設計がより重要な考え方となってきた．

6.2　信頼性設計

ヒューマンエラーは避けられないものとして考えられている．エラーが起きたときや，機器の故障が起きてもシステムとしての信頼性を高めておくための設計を**信頼性設計**という．これは，システムが複雑化・巨大化・高速化し，故障が起きれば物的・人的・経済的・社会的被害が甚大となるため，より重要な考え方となってきた．

6.2.1　システムの信頼性 [8]

まずは，基本的な直列系システムと並列系システムから見ていく．図 6.8 にそれらのシステム構成を示す．このとき，システムの信頼性は**直列系**では

$$R_s = R_1 R_2$$

となり，**並列系**では

$$R_p = 1 - (1 - R_1)(1 - R_2)$$

となる．このとき要素の信頼性を $R=0\sim1$ とする．要素がすべて同じ信頼性を

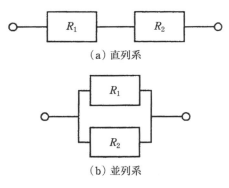

図 6.8　システムの構成

もつとしたときの並列系と直列系のシステムの信頼性を図 6.9 に示す．要素個数が増えることにより，直列系では信頼性が下がっていき，並列系では信頼性が上がっていくことがわかる．また，この信頼性も，直列系では以下のように減少していく関係がある．

$$R_s = R^n$$

たとえば，R が 0.999 であった場合でも 10 個の直列システムの信頼性は 0.99，100 個では 0.9 である．このように個数が増えると，システムの信頼性は急激に低下する．要素が多い複雑なシステムでは，個々の要素の信頼性が重要となる．

実際のシステムにおいて直列・並列を考えてみたい．まずは，図 6.10 に示す異常監視システムである．このシステムでは 2 名の監視者がいて，計器をみて正常か異常かを判断する．もし異常状態が起きた場合，2 名のどちらかが気づいて，電源スイッチを切れば監視システムは正しく動作することになる．この場合は，冗長性をもつ並列系とみなすことができて，安全性は高まる．ところが，正常状態であるにもかかわらず，監視者が誤ってスイッチを切って機械を止めてしまう危険性，つまり監視システムが誤動作しない信頼性という視点でみると，系は直列系とみなすことができ，安全性は低下する．このように系が直列系か並列系かは見方によって異なることになり，注意を要する．

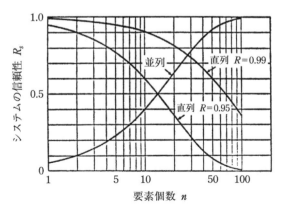

図 6.9　要素の信頼性とシステムの信頼性

Lecture.6 ヒューマンエラーと信頼性設計

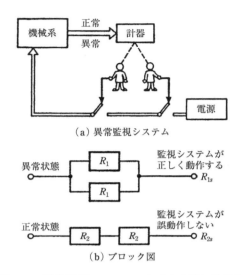

図 6.10 異常監視システムにおける直列と並列[8]

では，システムが正しく動作する信頼性と誤動作しない信頼性の両者を向上させるためには，その構成をどのようにすればよいだろうか．まず，**並列直列方式**が挙げられる．図 6.11 に，直列システム，並列システム，並列直列システムのそれぞれの回路におけるランプの点く確率のグラフを示す．

図 (a) に示す直列システムでは，スイッチの閉じる確率が低い場合を異常動作とみなすと，異常動作の確率は小さくなるが，正常動作の確率も小さくなる．

$$R_s = R^2 < R$$

図 (b) に示す並列システムでは，正常動作の確率は上がるが，異常動作の確率も上がってしまう．

$$R_p = 1 - (1-R)^2 = R(2-R) > R$$

図 (c) に示す並列直列システムでは，正常動作の確率が上がり，異常動作の確率も下がるという双方の利点を取り入れた性能を実現している．ただし，要素が 2 倍必要になるという欠点がある．

6.2 信頼性設計

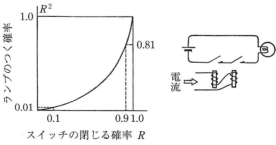

(a) 直列システム

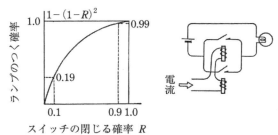

(b) 並列システム

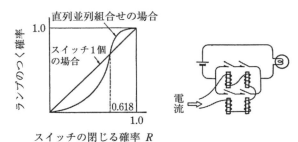

(c) 並列直列システム

図 6.11 並列直列システムによる信頼性の改善[9]

$$R_{ps} = 1 - (1 - R^2)^2$$

要素数を抑え，両者の信頼性を向上させる方法として**多数決方式**がある [10]．n 個中 r 個が故障すると，システムダウンするような信頼性を考えれば以下の式で表される．

$$R_{dm} = \sum_{i=0}^{r-1} {}_n C_i (1-R)^i R^{n-i}$$

ここで，

$$_n C_i = \frac{n!}{i!\,(n-i)!}$$

$n = 3$, $r = 2$ のとき

$$R_{dm} = {}_3 C_0 R^3 + {}_3 C_1 (1-R) R^2 = 3R^2 - 2R^3$$

これを 3 要素の場合について直列，並列，並列直列と比較したのが **図 6.12** である．多数決方式と並列直列方式はよく似た性能を示していることがわかる．ただし，多数決方式は要素数が並列直列方式の半分で実現できている．これは，

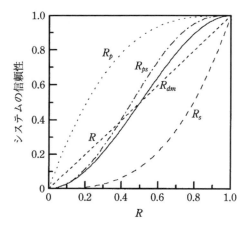

図 6.12 3 要素の直列 R_s，並列 R_p，並列直列 R_{ps}，多数決方式 R_{dm} の信頼性

大きな利点である．なお，多数決方式は要素が独立して作動することが前提である．

前回のヒューマンエラーの事例でも，航空機が3個のコンピュータをもっていることを示した．また，アニメーションの「新世紀エヴァンゲリオン」に登場するスーパーコンピュータ「MAGIシステム」は，性格の違う三つの要素（「カスパー」，「バルタザール」，「メルキオール」）の多数決方式を採用したシステムである．これら各要素の多数決による合議により判断する．この「MAGIシステム」は産業技術総合研究所にも実在し，「メアリー」を加えた四つの要素から成り立っていることがかつて話題となったことがある．

6.2.2 　信頼性設計

ここでは，アフォーダンス，フールプルーフ，フェイルセイフ，フェイルストップの**信頼性設計**について説明する．

（1）　アフォーダンス（affordance）

アフォーダンスとは，適切な行為を自然にさせる仕掛けのことである．アフォーダンスを利用すると，ユーザーがミスをしないようにシステム側が正しい扱い方を導いてくれるということになる．たとえば，扉の取っ手の形状を見るだけで，それが引き戸なのか，押すだけでいいのかわかる．その形状は，戸の開け方をaffordしているのである．トイレも，最近は鍵をかけないと戸が開きっぱなしの状態であり，一目でどこが空いているのかわかる．これも空室へaffordしているといえる．ほかにも，デジカメのバッテリは直方体であるが，ある方向にしかカメラに入らないように設計されている例もある．

（2）　フールプルーフ（fool proof）

フールプルーフは，ヒューマンエラーを起こさせない工夫で，"隔離"と"ロック"による方法がある．

隔離では，カバー，ロックアウトや両手ボタンがある．入ってはいけないところに「進入禁止」などと札を付けて蓋をしたり，紙切断機などでは二つのボタンを両手で同時に押さないと刃が降りないように工夫されていたり，このように危険に近づかないようにする工夫である．

ロックには，車のキー・シフトレバー，電子レンジのドアなどがある．たと

Lecture.6　ヒューマンエラーと信頼性設計

えば自動車では，P 以外ではエンジンがかからずキーが抜けなかったり，ブレーキを踏まないと P からシフトレバーが動かなかったりといった工夫である．また，携帯電話でも画面にタッチしてしまって知らない間に電話をかけてしまったということがかつては多くあったが，最近は自動で画面がロックされこのようなことはほとんどなくなった．また，子供のライタ遊びが原因とみられる火災で，子供が死亡する事故が続いたことから，使い捨てライタもチャイルドレジスタンスというストッパ付きのライタや点火スイッチを重くしたものが義務化されている．

(3)　　フェイルセイフ（fail safe）

フェイルセイフは，異常が起こっても致命的な事故を起させないシステムである．図 6.13 に示すように，多重化，分割化，待機並列化，弱所設定がある[11]．

多重化としては，飛行機の電気・油圧系統，ネットワークがある．また，分割化としては，クラックの進展防止，船の船倉がある．船舶では船倉は細かく区切られた構造となっており，万が一の破損にも海水の浸入を防げる仕組みとなっている．待機並列化は，非常用電源，弱所設定では，ヒューズ，リリーフバルブが挙げられる．

(4)　　フェイルストップ（fail stop）

フェイルストップは，異常が起こるとシステムを停止するシステムである．JR の emergency brake は運転手が 1 分の間に加速装置，ブレーキ，汽笛，砂ま

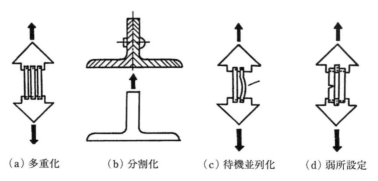

(a) 多重化　　(b) 分割化　　(c) 待機並列化　　(d) 弱所設定

図 6.13　フェイルセイフの考え方（名称は変更）[11]

きのいずれかの操作を行わなかったら警報が鳴り，それを5秒以内にリセットしなければ非常ブレーキが作動するシステムになっている．運転中に意識喪失などの異常事態が発生した場合に自動的に列車を停止させるためのもので，**デッドマンシステム**とも呼ばれている．

6.2.3 システムの安全性分析

システムの安全性分析を行うものに，1962年ベル研究所 H. A. Watson によって開発された**欠陥樹木分析**（FTA：Fault Tree Analysis）がある．これは，システムの事故分析，故障解析，安全性の事前検討などに用いられる分析手法である．

FTAの記号を図6.14に示し，瞬間湯沸器の爆発事故FTAを図6.15に示す[8]．これは，瞬間湯沸かし器の爆発という事故（トップイベント）から，その原因となった根源事象を探っていくというものである．瞬間湯沸かし器の爆発は，カランドリアの圧力上昇と圧力安全弁の故障が双方起きたときに生じる．カランドリアの圧力上昇は，水の配給不足とカランドリアの過熱が同時に起きたと

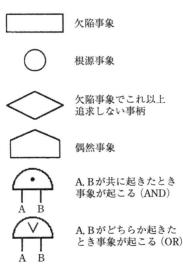

図 6.14　FTA の記号

Lecture.6　ヒューマンエラーと信頼性設計

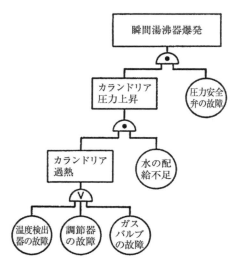

図 6.15　瞬間湯沸かし器爆発事故の FTA [8]

きに生じる．カランドリアの過熱は，図中の三つのいずれかが起きたときに生じる．このように，樹木分析することにより根源事象（原因）が明らかになっていく．根源事象を突き詰めていくと，インタフェースや作業環境が根源事象であったことが明らかとなり，その対策を講じることができる．

　1979 年 3 月 28 日午前 4 時に，米国ペンシルバニア州スリーマイル島原子力発電所（加圧水型）で事故が発生した．この事故は，詳細な記録が残されており，システムのヒューマンエラーに関係する安全性分析の観点から重要である（**図 6.16**）[12], [13]．事故の最初の原因は，二次系の 主給水ポンプ① のトラブル停止である．蒸気発生器（熱交換器）⑤ の温度の急上昇を防ぐために，直ちに補助給水ポンプ② 3 台が作動した．しかし，その 出口弁④ が定期点検時のまま閉止であったため（「閉」のパネル表示は物陰でオペレータ確認困難）給水できず，蒸気発生器の温度・圧力は急上昇した．その結果，自動的に加圧器逃し弁⑨ が作動して蒸気を逃し，圧力を下げた．しかし，蒸気発生器の急激な圧力上昇は緊急炉心停止（原子炉スクラム）を起こした（事故開始から 8 秒後）．蒸気発生器圧力は低下に向かい，逃し弁は自動的に閉鎖されるはずであったが，

114

6.2 信頼性設計

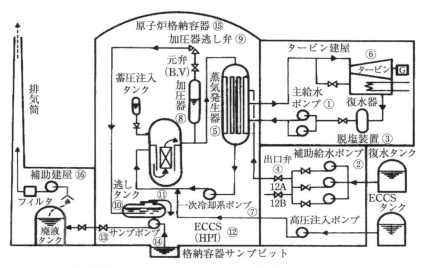

① : 二次冷却系主給水ポンプ,
② : 緊急補助給水ポンプ,
③ : 脱塩装置,
④ : 補助給水出口弁,
⑤ : 蒸気発生器,
⑥ : タービン・発電機,
⑦ : 一次系循環ポンプ（一次冷却系）,
⑧ : 加圧器（加圧器水位計）,
⑨ : 加圧器逃し弁,
⑩ : 加圧器逃しタンク,
⑪ : ラプチャディスク,
⑫ : 緊急炉心冷却装置（高圧注入系）,
⑬ : サンプライン隔離弁,
⑭ : サンプポンプ,
⑮ : 原子炉格納容器,
⑯ : 補助建屋

図 6.16 スリーマイル島原子力発電所事故（発電所システム）[12]

機器のトラブルで閉鎖されず（表示だけは「閉」），放射能を帯びた蒸気が放出され続けた．その結果，廃液タンクから一次冷却水があふれ，排気塔から放射能を帯びた気体が漏れ，2日後，原子炉建屋内の水素爆発の危険性が起こり，住民避難となった．ヒューマンエラーに端を発した事故である．巨大システムではコンピュータがその制御を支配しており，人間が急速に進む事故内容を正確に把握し適正に対処することは非常に困難であり，大きな課題である．

福島原発の事故においても，第2原発が「バックアップ手段を準備するのは当然」と非常用の高圧給水装置で冷却を続け，低圧でも給水できる環境を整えて冷温停止した．一方で，第1原発では設備破損で停止の恐れを抱きながらも対策をとらず，非常用復水器が津波襲来後も稼動していると誤解し，水素爆発

につながった[14].

　ヒューマンエラーの分析，信頼性設計を高めることは，技術の高度化，システムの巨大化にともない，ますます重要なものとなってきている．

参 考 文 献

1) 大島正光・大久保堯夫：人間工学，朝倉書店（1989）．
2) 林　喜男：人間信頼性工学—人間エラーの防止技術—，海文堂出版（1988）．
3) 野間聖明：ヒューマンエラー，毎日新聞社（1982）．
4) 橋本邦衛：安全人間工学，中央労働災害防止協会（1984）．
5) 伊達佑希：「エンジン音から誘発される「わくわく感」と集中状態に関する研究」，広島市立大学平成 28 年度卒業研究論文（2017）．
6) J. Reason：Managing Risks of organizational Accident, Ashgate（1997）．
7) 芳賀　繁：「しなやかな現場力を支える安全マネジメント」，JR EAST Technical Review No.49（2014）；https://www.jreast.co.jp/development/tech/pdf_49/tech-49-1-4.pdf
8) 浅居喜代治 編：現代 人間工学，オーム社（1980）．
9) 渡辺　繁・須賀雅夫：システム工学とは何か，日本放送出版協会（1978）．
10) 坪内和夫 編：信頼性設計，丸善（1971）．
11) 近藤次郎：安全を設計する，講談社（1979）．
12) 青木通佳：日本人間工学会誌，16, 3（1980）p.118.
13) 野間聖明：ヒューマンエラー，毎日新聞社（1982）．
14) 東京電力福島原子力発電所における事故調査・検証委員会：最終報告書（2012）；http://www.cas.go.jp/jp/seisaku/icanps/post-2.html

Lecture.7 官能評価と感性工学

7.1 官 能 評 価

7.1.1 官能評価とは

官能評価（sensory inspection, sensory evaluation）は，人間の感覚を用いて行う検査または評価であり．人間でなければできない．もしくは．人間が行ったほうが適切な評価といえる．自動車のデザイン，音，カップ麺の味，パソコンのデザイン，掃除機の使い勝手など，その応用範囲は様々である．

表 7.1 は，官能評価の分類である．画像処理技術や認識技術の進歩により自動化が進みつつある「分析型」と，最近非常にニーズが増えてきた「嗜好型」がある．この嗜好型分析に基づき感性に訴えた商品が増えてきている．関連規格として，官能評価分析—用語（JIS Z 8144：2004），官能評価分析—方法（JIS Z 9080：2004）がある．

表 7.1 官能評価の種類

	分析型	嗜好型
目的	人間の感覚器官を測定器とした 対象の特性評価	人間の好み，感情を用いた 対象の評価
評価者	• 専門家 • 少人数 • 識別能力大 • 客観的判断	• 素人 • 多数 • 特別能力不用 • 主観的判断
適用分野	• 品質検査 • 工程管理	• 嗜好検査 • イメージ調査
例	• 自動車乗り心地 • 欠陥，傷，ごみ等 • 音質，騒音 • 味，香，布の風合い • 使いやすさ	• 車，家などの好み • 服装 • 色彩，形 • 味，香 • 音，音楽

Lecture.7 官能評価と感性工学

7.1.2 心理的検査と SD 法

心理検査には，二つのデータをすべての組合せで比較し，その大小，優劣を比較する一対比較法，質問項目に沿って閾値の尺度対応を考える**評定尺度法**，および意味尺度と呼ばれる形容詞対により感覚次元を決定しようとする **SD（Semantic Differential）法**がある [1), 2)]．感覚次元とは，ヒトが心理的にその対象を評価しようとするときの座標の数である．たとえば音であれば，その大きさ，高さ，音色などが考えられる．

ここでは，広く用いられている SD 法について取り上る．SD 法は，評価対象に対する人間の評価構造（意味空間）を明らかにすることにより，対象の位置づけ（評価）を明確にする手法である．1957 年にオズグッド（C. E. Osgood）により「概念の情緒的意味は，文化や言語によらず，評価性（evaluation），力量性（potency），活動性（activity）の 3 因子による」という説が提唱された．これを用いた手法が SD 法である．SD 法の手順は以下のとおりである．

- 対象に関係するイメージ形容詞対を多く集める．
- 似たような言葉を取り除き整理する（分析により同一因子に属するものを整理）．
- 対象に関する多くのサンプルを多くの評定者に見せ，評定尺度で評価してもらう．
- 「因子分析」によりデータを分析し，因子を求める（因子は，評価対象に対する評価者の意味空間の座標を与える．多くの形容詞の代わりに，少数の因子で評価・意味づけが可能となる）．
- 因子座標空間上に評価対象を位置づける（対象の種々の意味づけ，評価が明確になる）．

このときに因子が実験のたびに変化するようでは，それは基本因子とはいえないので，ある領域における意味ある変数を発見するためには，因子の不変性の確認が必要である．この確認の後，第 2 段階としての空間の定義を行うこととなる．

応用例として，カーメインユニットのボタン押し音の実験について取り上げ

てみる[3]．評価対象は6機種のカーオーディオメインユニットのうち，使用頻度の高いボタン11種類とした．データからは，ボタンを押したときの音（push音）と離したときの音（back音）が観測できる．評価語は，自動車のコンセプトやボタン音の音質を表現するために相応しいと思われる27対の形容詞をブレインストーミングにより抽出し，5段階評価とする．**図7.1**は，その結果である（$p<0.001$）．因子負荷量に基づき因子分析を行った結果を**表7.2**に示し，このときの因子得点を**図7.2**，**図7.3**に示す．第1因子から順に，美的因子，金属・明瞭感因子，迫力・重量感因子と解釈し，それぞれの因子得点が高いほど「好き．心地よい．高級な．…」，「はっきりした．硬い．高い．…」，「太い．迫力のある．重い．…」といった印象を表す．美的因子や迫力・重量感因子は，高級・静寂な車両へ搭載される製品の音質評価のために相応しい尺度であり，

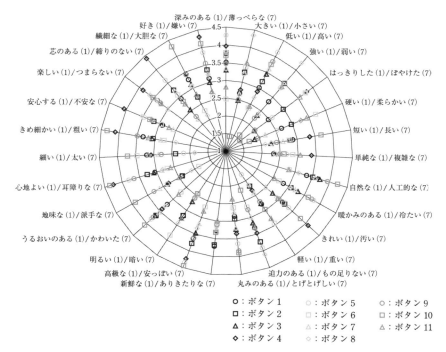

図 7.1 主観評価の結果

Lecture.7 官能評価と感性工学

表 7.2 因子負荷量

	因子 1	因子 2	因子 3	類似性
好き－嫌い	0.82	−0.21	0.03	0.79
心地よい－耳障りな	0.80	−0.30	−0.12	0.85
高級な－安っぽい	0.78	−0.25	0.08	0.78
芯のある－締まりのない	0.64	0.33	0.14	0.67
きれい－汚い	0.64	0.07	−0.28	0.60
安心する－不安な	0.63	0.02	0.19	0.64
楽しい－つまらない	0.60	0.23	0.07	0.59
深みのある－薄っぺらな	0.59	−0.15	0.36	0.64
きめ細かい－粗い	0.57	−0.18	−0.48	0.70
はっきりした－ぼけた	0.22	0.75	0.11	0.75
硬い－柔らかい	−0.07	0.69	0.02	0.65
低い－高い	0.11	−0.63	0.20	0.54
地味な－派手な	−0.02	−0.61	−0.28	0.68
明るい－暗い	0.15	0.60	−0.05	0.59
丸みのある－とげとげしい	0.39	−0.58	0.04	0.61
自然な－人工的な	0.45	−0.56	0.05	0.64
暖かみのある－冷たい	0.41	−0.52	0.20	0.64
細い－太い	−0.11	0.02	−0.74	0.62
迫力のある－物足りない	0.37	0.31	0.57	0.66
軽い－重い	−0.28	0.12	−0.55	0.58
繊細な－大胆な	0.29	−0.42	−0.52	0.67
短い－長い	0.11	0.10	−0.48	0.44
因子寄与率［%］	23.3	17.2	10.7	51.2
α 因子	0.87	0.82	0.67	

7.1 官能評価

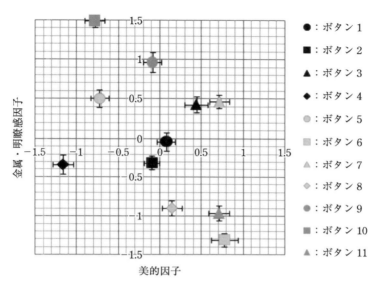

図 7.2　因子得点（因子 1, 2）

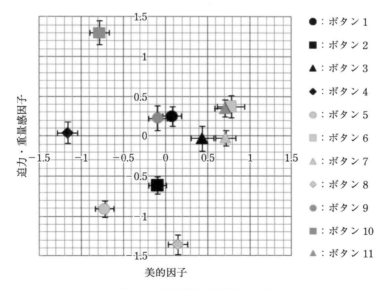

図 7.3　因子得点（因子 1, 3）

Lecture.7 官能評価と感性工学

金属・明瞭感因子は，ボタンが確かに押されたという情報伝達のために重要な尺度であると考えられる．

さて，SD法の形容詞選定方法は，以下のとおりである[4]．

- 人によって受け取り方が違うようなあいまいな解釈は避ける．
- どの刺激に対しても同じ反応を示す形容詞は不適当である．
- 抽象的・理論的なものは避け，感覚的・直感的なものを用いる．
- 類似のものは一つのものにまとめ，全体の構成が変化に富むようにする．
- 価値判断に関するものは隔たらないようにする（好き／嫌い）．
- SD法の基本尺度（評価性・力量性・活動性）に関連するものは入れるようにする．
- 五感（視覚，聴覚，触覚，嗅覚，味覚）に関連するものを入れる．
- 原則的に反対語を用いる．否定語を用いることもある．

以上により形容詞を選択したあと，SD法を行うことになる．実験材料の数としては，1分間に20尺度程度の評価に設定する．また，被験者への教示として，目的，尺度値の意味とマークの付け方，速度（20尺度/分）と第一印象・真の印象が必要である．被験者の数は20名程度とし，因子は音の場合は美的因子，金属性因子，迫力因子[5] になるような形容詞を入れるとよい．

7.1.3 官能評価の機械化

人間が行う官能評価の欠点としては，以下が挙げられる．

- 個人差がある．
- 同一個人でも，体調変化，疲れ，覚醒状態などにより異なる．
- 作為的判断が可能である．

ヒトを計測器代わりとするような官能評価については，できれば自動化が望ましい．最近では，ほとんどの生産現場で画像認識などによる自動化は進んでいる．

以下の官能評価については，機械化が妥当である．

- 単純繰返し検査評価
- 短時間に他種類の検査評価
- 複雑な形状
- 高精度
- 熟練が必要とする
- 自動化された多品種少量生産の検査評価
- 危険や到達不能な場所

自動化手法としては，画像処理やロボットによるものが多い．

7.2 感 性 工 学

7.2.1　感性工学とは

感性工学とは，人間がもっているイメージや感性を解析的手法を用いて具体的なデザイン要素に表現し，設計する技術であり，日本で開発された技法である[6]．その手法としては，まずイメージの因子構造を SD 法で明らかにし，それからデザイン要素を抽出し，最後にそれらを結びつける．

7.2.2　ボタン押し音によるデザイン要素と因子分析の関連づけ

音の分野では，音圧レベルや周波数特性だけではなく，**心理音響指標**[7] というものが広く適用されている．それは，ヒトの周波数依存性やマスキングなど聴感特性を導入し，音の大きさ（ラウドネス），音の甲高さ（シャープネス），音の粗さ（ラフネス）を表したものである．また，過渡音や非定常音には適用不十分という結果もある．

そこで，デザイン要素として音の時間-周波数分布[8] を適用した例について紹介する．**図 7.4**（e），（f）に，ウェーブレット解析結果を示す．ウェーブレット解析結果の横軸は時間，縦軸は周波数．カラーバーは音圧〔図（f）は音圧に重みづけをした値〕である．**ウェーブレット解析**は，フーリエ変換と異なり，

Lecture.7 官能評価と感性工学

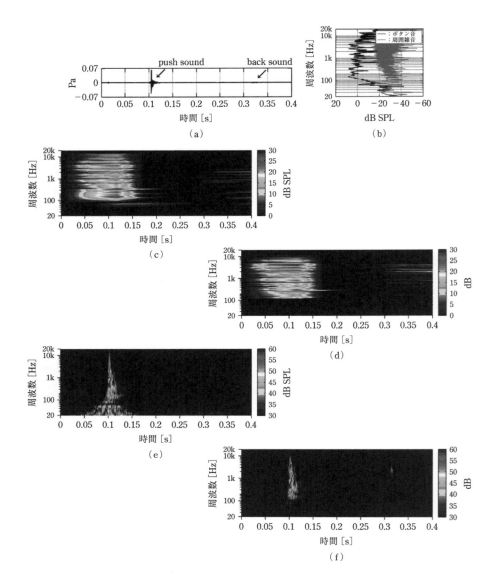

図 7.4 ボタン音の解析結果の比較〔(a) 収録信号, (b) フーリエ解析結果, (c) 短時間フーリエ変換解析結果, (d) (c)に対し等ラウドネス曲線を適用した結果, (e) ウェーブレット解析結果, (f) (e)に対し等ラウドネス曲線を適用した結果〕

基本となる波形を圧縮伸張しながら解析対象の信号と内積をとっていきながら解析する手法である[9), 10)]．よって，低い周波数では時間分解能が悪くなる代わりに周波数分解能がよく，高い周波数では時間分解能がよくなる代わりに周波数分解能が悪くなるという多重解像度の時間周波数表現となる．これは，以前述べた聴覚の分解能に類似している．この手法で解析したところ，美的因子得点に着目した場合，高得点のボタン音は音圧が低く低域にパワーが集中し，得点が低くなるほど音圧が高く高域にパワーが集中する傾向があった．

ここで，各評価指標と因子得点を重回帰分析により関連づけた結果を図7.5に示す[3)]．従来のフーリエ解析，短時間フーリエ解析では重相関係数値が低く，有意な相関がとれていない．また，ラウドネスなどの心理音響指標も金属・明瞭感因子しか相関はとれていない．その一方で，ウェーブレットを基準とした指標ではすべて相関がとれており，過渡音のような時変信号には有効であることがわかる．どのように相関がとれているのか，その一部を紹介しておく．

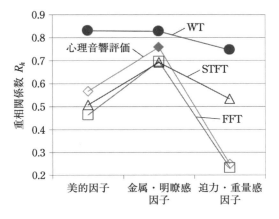

図7.5　音の評価指標と印象との相関

金属・明瞭感因子得点

= 0.670 × (push 音と back 音の振幅和の平均)

− 0.506 × (push 音と back 音の立ち下がり時間の平均)

迫力・重量感因子得点

= −0.756 × (push 音の重心周波数)

+ 0.628 × (push 音と back 音の 630 Hz 以下の振幅和の平均)

以上のように，音の物理解析結果から感性情報に変換することも可能である．

7.2.3 ゴルフショット音によるデザイン要素と因子分析の関連づけ

さて，ゴルフを楽しむには，どうボールを飛ばすかがもちろん重要である．人間工学的に道具に着目すると，ゴルフクラブにおいては SLE ルールが適用され，反射係数を 0.83 未満にし，ショット時のスプリング効果を規制している．よって，ユーザーは飛距離以外の評価をするようになっており，グリップ感，ショット音などが重要になってきている．ここでは，ショット音を取り上げてみる [6]．

材質シャフトの硬さなどは同じであるが，ヘッド形状の異なる三つのクラブで，プロゴルファーに実際に打撃して頂き，両耳マイクにより音を収録する．図 7.6 に，これら三つのショット音のウェーブレット解析結果を示す．打音の重心が低いほうから高い音に瞬時に移動し減衰する様子がわかる．そして，それぞれ分布が特徴的である．

これらの因子得点の結果を図 7.7 に示す．クラブ I は，迫力感が低く，その他は大きい．一方，金属感はクラブ II とほぼ等しく，ウェーブレットの観測結果と聴感印象がよく一致していることが観測できる．表 7.3 は，評価ごとの因子分析結果である．因子 1 が金属因子，因子 2 が美的因子，因子 3 が迫力因子である．

このように，音の解析結果と印象を結びつけてデザインすることも検討されている．ここでは，過渡音のデザインについて主に取り上げたが，エンジン音やイメージに合う音声など，様々な制約の中で感性を重視したデザインが注目されている．

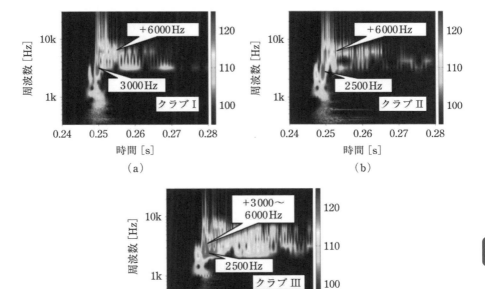

図 7.6 ゴルフショット音の解析

Lecture.7　官能評価と感性工学

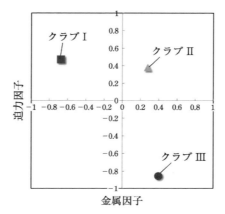

図 7.7　ゴルフショット音の因子得点

表 7.3　ゴルフショット音の因子分析

	因子 1	因子 2	因子 3	類似性
高い／低い	0.881	0.220	−0.100	0.835
鋭い／鈍い	0.814	0.401	−0.039	0.825
澄んだ／濁った	0.780	0.289	−0.066	0.695
きめ細かい／粗い	0.629	0.444	−0.299	0.646
硬い／柔らかい	0.557	0.022	−0.133	0.328
好き／嫌い	0.131	0.903	0.067	0.836
心地よい／耳障りな	0.301	0.740	−0.116	0.652
響く／詰まった	0.144	0.630	0.236	0.474
爽快な／不快な	0.442	0.630	−0.121	0.607
大きい／小さい	−0.159	0.021	0.966	0.959
強い／弱い	−0.125	0.039	0.711	0.523
因子寄与率	31.2	26.5	16.1	73.8

128

参 考 文 献

1) C. E. Osgood, G. J. Suci and P. H. Tannenbaum：The Measurement of Meaning, University of Illinois Press（1957）.

2) 市原　茂：セマンティック・ディファレンシャル法（SD 法）の可能性と今後の課題, 人間工学, 45, 5（2009）.

3) 阪本浩二・石光俊介・荒井貴行・好美敏和・藤本裕一・川崎健一：「カーオーディオ・メインユニットのボタン押し音評価に関する検討—第1報　ウェーブレットによる特徴分析—」, 日本感性工学会論文誌, 10, 3（2011）pp.375-385.

4) 石光俊介：「官能評価活用ノウハウ〜感覚の定量化・数値化手法〜：ウェーブレットによる聴感印象と物理解析の関連づけ」, 技術情報協会,（2014）pp.490-504.

5) 日本音響学会　編：音響用語辞典「音色」,コロナ社（2003）.

6) 長町三生：感性工学, 海文堂（1989）.

7) E. Zwicker：心理音響学, 西村書店（1992）.

8) L. Cohen：Time-frequency analysis, Prentice hall（1995）.

9) I. Daubechies："The wavelet transform, time-frequency localization and signal analysis", IEEE Transactions on Information Theory, 36, 5（1990）pp.961-1005.

10) 石光俊介・北川　孟・堀畑　聡・萩野仙之：「ウェーブレットを用いた時変信号の相関分析と船内騒音解析への適用」, 日本機械学会論文集（C編）, 69, 682（2003）pp.1529-1535.

11) T. Hiraoka and S. Ishimitsu："Objective evaluation for a golf shot sound, RISP International Workshop on Nonlinear Circuits ", Communications and Signal Processing（2011）pp.384-387.

Lecture.8　自動車と人間工学

8.1　自動車の役割・効用と課題

8.1.1　自動車の役割・効用と課題

　自動車は，便利な移動手段である．近年，世界の自動車台数は 1970 年の 1 億 9300 万台から 7 億 9600 万台以上に急増している[1]．**図 8.1** に示すように，自動車は単に人や物の移動運搬手段だけではなく，その操作自体を楽しんだり，居住性を満喫したり，それにより自己表現をする媒体ともなっている．

　人間工学的に見た**自動車の課題**としては，次の三つが挙げられる．

- 安全性
- 快適性
- 環境適応性

　安全性，快適性については後述するとして，まず，環境適応性において，次のものが課題として考えられる．

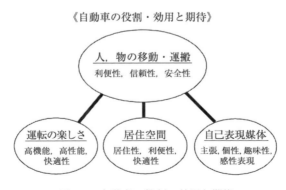

図 8.1　自動車の役割・効用と期待

Lecture.8　自動車と人間工学

排気ガス，燃費，騒音，安全，リサイクル，渋滞，交通事故，駐車場．この中でも，自動車事故は安全を脅かす深刻な問題となっている．次項では，交通事故について取り上げる．

8.1.2　交 通 事 故

交通事故の主な原因は，運転手の不注意，スピードの出し過ぎ，飲酒運転，誤認，判断ミスであり，また居眠り運転や急な発作などで意識を失うことであることが報告されている[1]．日本の事故原因（平成 28 年度）のトップ 3 は，安全不確認（30.6％），わき見運転（16.3％），動静不注視（危険性軽視，11.9％）で，いずれも安全運転義務違反である[2]．

図 8.2 は，交通事故死者数の推移[3] である．日本国内では，このように死者数は減少傾向にあり，交通事故件数・負傷者も落ち着きつつある．近年，死者数は 1970 年の過去最悪の 16 765 人の 3 分の 1 程度となっている．死者数が減ってきたのは，様々な施策とテクノロジーの進化によるものである．まず施策を

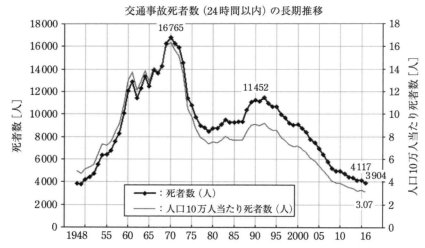

1971 年までは沖縄を含まない．2016 年の発生件数および負傷者数は交通事故日報集計システムにより集計された概数である（資料：警察庁「平成 28 年中の交通事故死者数について」）．

図 8.2　交通事故死者数の推移[3]

見ていくと，1978年の一般道での二輪車ヘルメット着用義務化，1986年の一般道での前席シートベルト着用義務化などで死者数が1万人を切り，いったん落ち着く．しかし，1988年には再び死者数が1万人を突破する．その後，2000年のチャイルドシートの義務化，2001年の危険運転致死傷罪の新設などにより減少していく．さらにその後も，2002年の飲酒運転やひき逃げの罰則強化や，2008年の後部シートベルトの義務化などの施策が続いている．また，2020年からは全席を対象にシートベルトを着用しない場合，警報音が鳴るように義務化される．

海外では，どうであろうか．an Automobile Association Foundationによれば，アメリカの328 000件の交通事故が居眠り運転によるものであり，ヨーロッパでは交通事故の20〜25％が居眠り運転によるものであった．そこで，交通事故防止のため，様々な**ドライバーステータスモニタリング**（DSM）が研究されている．これらについては後述する．

8.2 安全技術

自動車の安全技術は日進月歩である．その技術は，図8.3に示すように，事故を起こさないための**予防安全技術**（アクティブセーフティ技術）と事故の被害を最小限にするための**衝突安全技術**（パッシブセーフティ技術）に大別され

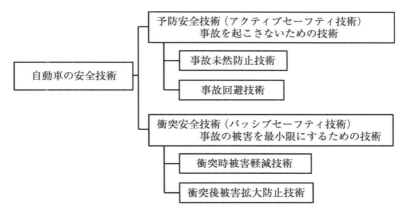

図8.3 自動車の安全技術の分類[4]

Lecture.8　自動車と人間工学

る[4]．予防安全技術は，事故未然防止技術と事故回避技術に大別される．事故未然防止技術は，最近ドライバーのモニタリングにより運転支援をするものが検討されている．それは，ドライバーの状態が運転のパフォーマンスに重要な影響があるからである．この関係は，ヤーキーズ・ドットソンの法則[5]といわれ，**図 8.4** に示すように，ドライバーの覚醒レベルとパフォーマンスが逆 U 字関数の関係となる[6]．

覚醒レベルが高い状態，低い状態ともにパフォーマンスは減少する関係にあり，ドライバーの注意力を保たせ，ストレスのない適切な覚醒レベルのとき，最適なパフォーマンスが生じる．ドライバーが疲れていたり，単調な状態（例：交通量が少なく，ひたすらまっすぐな道の長時間運転）であったりすると，危険に対して即時対応できない危険が高まる．また，視界が狭く，交通量が多かったり，カーナビの操作や同乗者との会話などの運転以外の仕事で忙しかったりすると，ストレスは上昇し，ドライバーに負荷がかかり，安全に運転するための能力が低下する．ドライバーの正確な状態は直接測定できないため，ドライバーの表情や体の状態（例：目の開閉，あくび，着座姿勢），運転状況〔例：スピード，車線逸脱（LD），車間距離〕，ドライバーの生体信号〔例：心拍数（HR），脳活動〕から推測する．それが先述の DSM システムである．

表 8.1 に，各メーカーの DSM システムの状況を示す．ここで，ECG は Electrocardiogram（心電図），PPG は Photoplethysmogram（光電式容積脈波記録法），EEG は Electroencephalogram（脳波計）を指す．心拍比やステアリングパターンを用いるメーカーが多い．眠気やぼんやりした状態ではステアリン

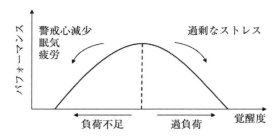

図 8.4 覚醒度とドライバーのパフォーマンスとの関係[6]

8.2 安 全 技 術

表 8.1　メーカー各社の DSM 技術[1]

メーカー	段階	手法	内容
BMW	開発中	ECG	皮膚抵抗センサを備えたハンドルによる心拍のモニタリング
メルセデスベンツ	商品化	ステアリングパターン	ステアリング角度センサやオーディオ，エアコン，窓のスイッチ情報など70個のパラメータによる運転パターンの解析
	開発中	ECG，PPG	PPG と ECG との融合
フォルクスワーゲン	商品化	ステアリングパターン	逆ハンドルパターンのモニタリング
	開発中	画像処理	ダッシュボードに置かれた赤外線カメラによる注視点，まぶた，まばたき率，顔の角度の監視
フォード	開発中	ECG	座席に内蔵された非接触な ECG センサによる心拍のモニタリング
トヨタ，デンソー	商品化	画像処理	ダッシュボードに置かれた赤外線 LED と CMOS カメラによる注視点，まぶた，まばたき率，頭の角度の監視
	開発中	ECG，PPG	525 nm 緑色 LED と電極が内蔵されたハンドルによる ECG と PPG の監視
デンソー	開発中	ECG	座席に内蔵された非接触な ECG センサによる心拍のモニタリング
日産	商品化	ステアリングパターン	ステアリング角度センサを用いた運転者のステアリングパターンと運転経路の関係の監視
	開発中	EEG	運転者の状態と認知状況の推定による次の運転行動の予測

グ操作が減少し，操縦性能が悪化するとともに，ハンドルを切る場合は必要以上に大きく切り，操縦角の標準偏差が大きくなる[7]ため，ステアリング状態を利用する企業が多い．表のうち，**図 8.5** にトヨタとデンソーにより商品化された画像処理による DSM システムを示す[7]．投像時に近赤外線を照射しているのは，夜間でもドライバーに煩わしくないようにしたためである．このシステムにより撮像され，特にまぶたの画像認識により眠気状態を推定する．眠気があると推定された場合は，注意喚起や警報などをドライバーに伝達する仕組みとなっている．

このほか，運転支援としては，その適正さを確保するために車線確保や車間

8

自動車と人間工学

135

Lecture.8 自動車と人間工学

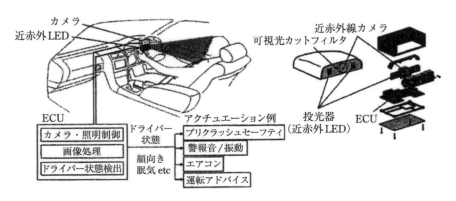

図 8.5　ドライバーステータスモニタ[7]

距離確保のシステムも搭載されるようになってきている．また，視認性を上げるためのヘッドライトやヘッドアップディスプレイなども搭載されている．このうち，AR（Augmented Reality：視界重畳表示器）技術を利用したヘッドアップディスプレイも開発されつつある[7]．実景である横断歩道に虚像の注意喚起画像を重ねて表示することにより，横断歩道に歩行者がいることをより早く確実に伝達することができる．一方，事故回避技術としては，ABS などによる制動性の向上や駆動制御による操縦安定性の確保がなされてきている．

衝突安全技術としては，衝突時被害軽減技術と衝突後被害拡大防止技術がある．衝突時被害軽減技術には，エネルギー吸収車体，シートベルト，エアバッグがある．また，歩行者や二輪車との衝突時の対象者保護のための前部衝撃吸収構造，自動ブレーキがある．衝突後被害拡大防止技術としては，事故時の乗員脱出や救出のためのドアロック衝突時解除やドア開放確保構造が挙げられる．また，火災対策のための燃料漏洩防止技術も挙げられる．

8.3　快適性と性能

快適性の定義を**表 8.2** に示す．快適性に関わる性能としては，以下のとおりである．

8.3 快適性と性能

表 8.2　快　適　性

使いやすい	疲労軽減	疲れない，楽な
	操作性	操作しやすい，間違えない
	視認性	見やすい，わかりやすい
	利便性	便利だ
感覚親和性	静か，広い，気持ちがよい，なじむ	
個性・特徴性	～らしい，ユニークだ	
精神的充足性	満足，安らぎ，楽しい	

① 運転性

操作性，視界視認性，情報認知性，着座姿勢，ドア開閉性，乗降性，荷物積載性

② 走り

操縦安定性，制動加減速性，振動乗り心地

③ 室内

居住性・空間構成，静粛性・音質，空調・空質，内装触感，座り心地，におい，照明，清潔性

④ 外観

被視認性，塗装質感，スタイリング

快適性を向上させるためには，着座姿勢は重要である．シートバックの体圧を解析し，腰椎をしっかり支え，着座前半で腹直筋を活動させるように着座させることによりだるさ感を軽減できるという報告[8] もある．

また，運転時には騒音による疲れもある．飛行機や電車などでノイズキャンセラ付きのヘッドフォンをしている乗客も多いが，それを空間で実現する**アクティブノイズコントロール**もある．アクティブノイズコントロールは低周波数に対して有効であり，**図** 8.6 に示すようにオーディオ用スピーカから打ち消し音を出して空間の騒音と干渉させて消音するものである．音楽と空間の騒音は位相が一致していないので，騒音はなくなり，オーディオはよりくっきりと聞こえるようになる．アクティブノイズコントロールにより静かになる空間を Quiet

Lecture.8　自動車と人間工学

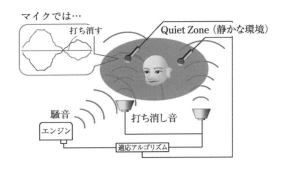

図 8.6　アクティブノイズコントロール

Zoneと呼び，これを広げたり均一にしたりする手法[9]が様々に検討されている．

また，HONDAは気筒休止エンジン対応アクティブ振動騒音制御装置を開発し，高速走行などの定常走行時に気筒を半分休ませることで燃費性能を上げ，そこで生じる振動騒音をアクティブ制御で押さえる仕組みを実現した[10]．その効果を図 8.7 に示す．騒音，振動双方ともに 10 dB 以上の効果が観測できる．このシステムでは，アクティブノイズコントロールのほかにソレノイドアクチュ

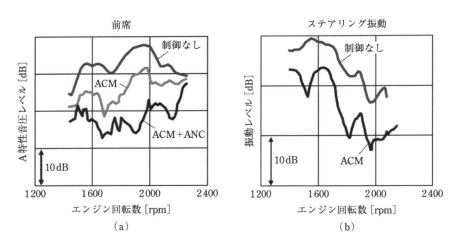

図 8.7　気筒休止エンジン対応アクティブ振動騒音制御装置（ACM：アクティブコントロールエンジンマウント，ANC：アクティブノイズコントロール）[10]

エータを用いたアクティブコントロールエンジンマウントという振動制御により気筒休止によるモード変化にも対応する [10]. また，アクティブノイズコントロールは，音を低減するだけではなく，スポーツ感を上げるため，特定の次数成分は増幅し変動させないようにする制御も可能であり，個々のユーザーの好みに特化した音場再生も検討され始めている [11].

8.4 今後の自動車技術 ── 自動運転

さて，いま注目を集めている自動車システムの一つに**自動運転技術**がある．自動運転レベルは，以下の 4 段階に分類される [12].

- レベル 0：自動化なし
  運転者が常時運転を行う
- レベル 1：特定機能の自動化
  操舵，制動または加速の支援を行うが，それらすべてを支援しない
- レベル 2：複合機能の自動化
  運転者は安全運行の責任のみ，制御はすべて支援される
- レベル 3：半自動運転
  機能限界の場合のみ，運転者が自ら運転操作を行う
- レベル 4：完全自動運転
  運転操作，周辺監視をすべてシステムに委ねる

国内外の主要メーカー各社が 2020～2025 年に一般道を走るレベル 4 の自動運転を目指している．日本ではレベル 0 の技術に専念してきたが，欧米に対するその遅れを指摘する声もあった．レベル 4 の自動運転により，以下のことが期待できる [13].

- 交通事故の削減
- 高齢者などの移動支援
- 渋滞の解消緩和
- 国際競争力の強化

Lecture.8 自動車と人間工学

　自動運転技術の発展は，自動車のあり方が社会に大きく影響を与える発展と考えられる．自動運転自動車により駐車場のあり方も変わってくるし，自動車を自動でニーズのある場所に移動させるシステムが重要になってくる．このように，町のあり方自体も変わってくる．また，このような社会インフラから，産業構造の変革が人の行動パターンや生き方にまで影響を及ぼす可能性がある．車のみではなく，社会全体の人間工学的なデザインが必要とされてくるといえる．

参 考 文 献

1)　Y. Choi, S. Ik Han, Seung-Hyun Kong and H. Ko："Driver Status Monitoring Systems for Smart Vehicles Using Physiological Sensors：A safety enhancement system from automobile manufacturers", IEEE Signal Processing Magazine, 33, 6（2016）pp.22-34.

2)　平成 28 年度交通事故発生状況 （警察庁）；
https://www.npa.go.jp/toukei/koutuu48/home.htm

3)　本川　裕：社会実情データ図鑑；http://www2.ttcn.ne.jp/honkawa/6820.html

4)　（社）自動車技術会 編：自動車の安全技術，朝倉（1996）.

5)　R. W. Proctor, T. Van Zandt：Human Factors in Simple and Complex Systems, CRC Press （2008）.

6)　A. S. Aghaei, B. Donmez, C. C. Liu, D. He, G. Liu, K. N. Plataniotis, Huei-Yen W. Chen and Z. Sojoudi："Smart Driver Monitoring：When Signal Processing Meets Human Factors：In the driver's seat"：IEEE Signal Processing Magazine, 33, 6（2016）pp.35-48.

7)　樋口正浩：「乗員を支援するシステム」，日本機械学会誌, 118, 1157（2015）p.30.

8)　横山清子・松河剛司・夫馬司貴・砂田治弥・平松あい：「自動車シート着座時の生体信号と姿勢の経時変化の解析」，人間工学, 51 特別号（2015）pp.136-137.

9)　S. Ishimitsu and T. Ueganiwa："Active Control of Noise Using Virtual Microphones", Proceedings of ISMT2013 Symposium, Busan, Korea（2013）pp.65-68.

10)　井上敏郎・松岡英樹・佐野　久：「気筒休止エンジン対応アクティブ振動騒音制御装置」，日本の自動車技術 240 選，日本自動車技術会；
http://www.jsae.or.jp/autotech/data/7-5.html （2003）.

11)　K. Murai, S. Ishimitsu, Y. Aramaki, T. Takagi, T. Chino, K. Yoshida and K. Suzuki："Basic Study of Sound Quality Control Based on Individual Preference", Proceedings of Twelfth International Conference on Innovative Computing, Information and Control（2017）p.7.

12)　我妻広明：「人工知能による運転支援・自動運転技術の現状と課題」，計測と制御, 54, 11（2015）pp.808-815.

13)　谷口正信：「自動運転の可能性」，日本機械学会誌, 118, 1157（2015）pp.14-17.

Lecture.9 高齢者・障害者と人間工学

9.1 超高齢社会

平成 28 年 10 月 1 日における 65 歳以上の高齢者は 3461 万人となり，総人口に占める高齢者の割合（高齢化率）は 27.3 ％となった．WHO（世界保健機関）などの定義では，高齢化率が 7 ％以上を「高齢化社会」，14 ％以上の場合を「高齢社会」，21 ％以上を「**超高齢社会**」と定義しており，わが国は超高齢社会となって久しい．

図 9.1 は，高齢化の推移と将来推計である [1]．高齢化に人口減少が拍車をかけ，2060 年には 2.5 人に 1 人が 65 歳以上，4 人に 1 人が 75 歳以上となる．生産年齢世代（15〜64 歳）も 1950 年には 1 人の高齢者に対して 12.1 人であったのに対して，2015 年には 2.3 人，2060 年には 1.3 人という比率になる．また平均寿命も延びており，2060 年には男性 84.19 歳，女性 90.93 歳になると予想されている．

超高齢社会の影響として，以下のことが考えられる．

- 生産労働人口の低下
- 医療福祉財政支出の増大
- 医療需要の増大と質の変化
- 年金支給の低下
- 社会活力の低下，安定化
- 家庭・社会における共生意識の変化
- ライフスタイルの変化

超高齢社会を「人間工学」的見地で処していくことが重要となってくる．

Lecture.9 高齢者・障害者と人間工学

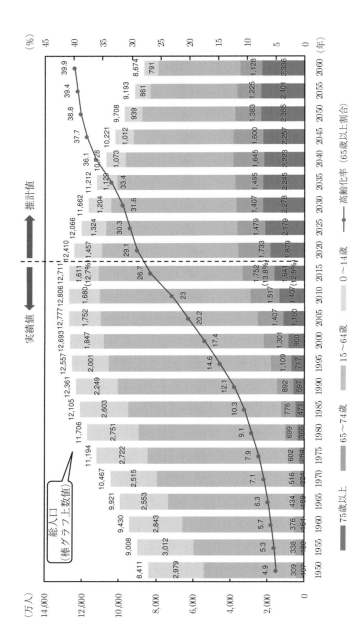

図 9.1 高齢者の推移と将来推計[1]

資料：2010 年までは総務省「国勢調査」，2015 年は総務省「人口推計（平成 27 年 国勢調査人口速報集計による人口を基準とした平成 27 年 10 月 1 日現在確定値）」，2020 年以降は，国立社会保障・人口問題研究所「日本の将来推計人口（平成 24 年 1 月推計）」の出生中位・死亡中位仮定による推計結果

（注）1950 年～2010 年の総数は，年齢不詳を含む。高齢化率の算出には，分母から年齢不詳を除いている。

142

9.2 高齢者の特性

高齢にともない，動作や反応が鈍り，様々な作業に影響を及ぼすようになる．図 9.2 は，20〜24 歳を基準とした 55〜59 歳の年齢者の特性比較である[2]．運動調節能，学習能力，回復力，消化吸収，感覚機能と平衡機能に大きな衰えが出ることがわかる．

高齢者を知能の面から見てみる．Cattel（1982 年）は，知能を**流動性知能**と**結晶性知能**に分けている．ここで，知能とは「目的に合わせて行動し，合理的に思考し，環境に即して対応できる能力」(Wechsler, D) と心理学では定義している．結晶性知能は，個人が長年にわたる経験，教育や学習などから獲得していく知能であり，言語能力，理解力，洞察力などを含む．一方，流動性知能は，

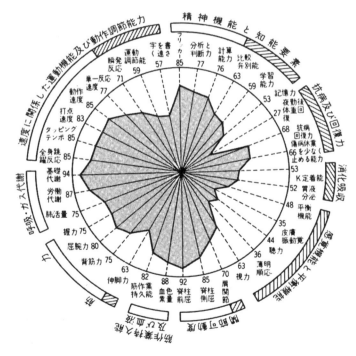

図 9.2 高齢者の特性[2]

Lecture.9 高齢者・障害者と人間工学

新しい環境に適応するために，新しい情報を獲得し，それを処理し，操作していく知能であり，処理のスピード，直感力，法則を発見する能力などを含んでいる[3]．

図 9.3 は，日本人の各年齢層の 12 年間の継続データから得られた知能の年齢変化結果である[4]．これを見ると，情報処理スピード（流動性知能）は 55 歳ほどでピークを迎え，それ以降で急激に低下する．それに対し，知識力（結晶性知能）は 40 歳から 70 歳頃まで上昇し，その後も緩やかに低下する．このように，知能には加齢により変化しやすいものと変化しにくいものとがある．また，これらの知能は，年齢を経るほど種々の要因（教育歴，解放性，抑うつ性，教育文化活動など）による個人差が大きくなることが明らかにされている．知能は，必ずしも年齢とともに一律的に低下するものではない．知能の柔軟性を考

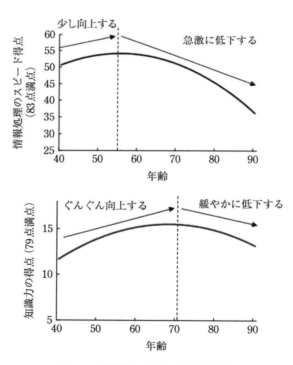

図 9.3 高齢者の知能の年齢変化[4]

慮して知能低下を抑えたいものである．

高齢者の機能変化としては，以下の機能の衰えが挙げられる[5]．

① 視覚
- ものが見づらくなる
- 色が見分けづらくなる
- 明るさの変化に弱くなる
- まぶしさに弱くなる

② 体性感覚（体の各部で感じる感覚）
- 微妙な感じがわかりにくい
- 小さな刺激はわかりにくい
- 耳が遠くなる
- 音が聞き分けづらくなる

③ 動作
- 体が堅くなる
- 力が弱くなる
- バランスを崩しやすい
- 細かな作業がしづらくなる

図 9.4 は，25〜34 歳と 75 歳以上の遠距離生活視力の差である．横軸は明る

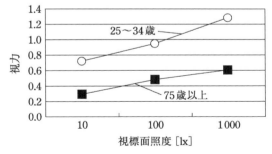

図 9.4　高齢者の遠距離生活視力能力[5]

さを示しており，暗くなるにつれて，高齢者はほとんど文字が見えなくなってしまう恐れがある．また，明るさを強くしても，高齢者は若者ほどには視力が上がらない．そのような場合は文字を大きくする必要があり，明るさに応じた大きさが必要である．

図 9.5 は，高齢者と若者の暗順応力の違いを示したものである．明るい所から急に暗い所へ入れば（暗順応），高齢者は若者よりはかなり濃い文字でないと読めず，順応力の低下は大きい．高齢者ドライバーは，トンネルに入った瞬間に周りが見えなくなり，ブレーキを踏む．その結果，渋滞がトンネル付近で起こるなどの現状もある．

図 9.6 は，年齢別の純音聴力レベルの差である．高齢者は 1000 Hz から徐々に差が開き始め，高い音は聞こえなくなる．時報の高さは 880 Hz に設定されており，高齢者の特性が考慮されている．このように，警報音・報知音は高齢者の特性を考えて，2000 Hz 以下の音を使うのがよい．

また，高齢者では個人によるバラツキが非常に大きくなることがわかる．20代前半までの若者には 15 000 Hz 以上の音が突き刺すように聞こえるため，**モス**

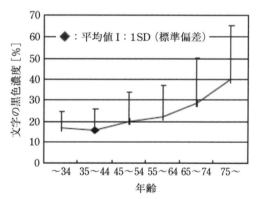

≪計測条件≫ 被験者数420人（HQL，H9–10）
視距離 3 m で，明順応（10000 cd/cm³ のスクリーンを1 分間見続けた）後，視表面照度10lxで背景に描かれた 10 段階のコントラストの平かなを 10 秒間に読み取れた文字の濃さを計測する

図 9.5 加齢による暗順応力の変化（暗順応による読取り文字コントラスト）[5)]

9.2 高齢者の特性

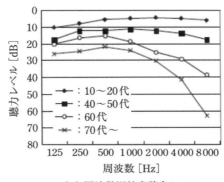

(a) 周波数別純音聴力レベル

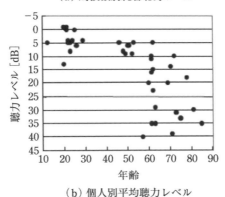

(b) 個人別平均聴力レベル

図 9.6　年齢による純音平均聴力レベルの差[5]

キート音と呼ばれ，若者のたまり場に設置されている場合もある．このような音は，高齢者にはもちろん中年にもまったく聞こえない．

高齢者の身体能力の衰えを示す実験結果として，まず階段昇降の結果を図 9.7 に示す．高齢者には，高さ 15 cm で少し負担感を感じ始め，25～30 cm になると，上がるときも降りるときもかなり負担感を感じるようになる．若年者には，上がるよりも降りるほうが負担感を増加する傾向が見られる．

次に，図 9.8 に電卓のキー押しの結果を示す．近年はタッチパネルなども増えてきているが，依然として，やはりボタンが最も押しやすい．このボタンを

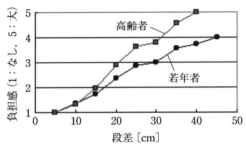

(a) 段差を上がるときの負担感

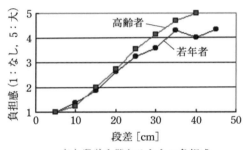

(b) 段差を降りるときの負担感

図 9.7 高齢者の身体能力 [5]

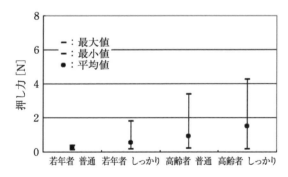

図 9.8 高齢者と若年者の押しボタンの押し方の比較 [6]

押す力において，高齢者は強く押す傾向がある．結果的にボタンを押す速度も遅くなり，ゆっくりした動作が可能であるようなインタフェースが求められることになる．また，このように強く押すのはフィードバックとしての操作確認ができないからであり，操作部に手応えをもたせることもインタフェースに求められることである．

　このように，人の加齢に関わる諸問題を見てきたが，これらを総合的視野に立って探求する学問として**ジェロントロジー**（gerontology）がある．これは，人口の高齢化によって起きる様々な変化や問題を解決するために，医学・心理学・生物学・経済学・政治学・社会学などの自然科学，社会科学を統合することによって生まれた学問である．これからの超高齢社会を考えるとき，これまでのように，加齢や老人を自他ともにマイナスイメージだけでとらえるのではなく，できる限り社会参加し，生きがいを求め，ともに社会を支え，共生するメンバーとして認め合い，助け合う意識をもつことが必須であるといえよう．

9.3　障害をもつ人への技術的支援

　機器，環境設計に際して要求される性能として，以下の5つが挙げられる．

① **アクセシビリティ（accessibility：接近可能性）**
　移動，接近，利用のための寸法，空間，段差，補助具（手すり，標識など）などの確保
② **ユーザビリティ（usability：使用可能性）**
　身体機能の損傷・低下に対応した使いやすさの確保
③ **安全性**
　事故防止対策，事故時の通報・救助対策
④ **快適性**
　温度，湿度，感触，音：感覚機能障害・低下者に対する配慮
⑤ **メンテナンスおよび供給の融通性・多様性**
　機器設備の保守・管理・修理の容易さ，種々の障害・個人差に適合し，共用できること

Lecture.9 高齢者・障害者と人間工学

9.4 障害者支援情報機器システム

コンピュータを利用した支援システムが,近年多く研究開発されてきている.これらは,日進月歩であり,筋電位や脳波を用いて意志表示（コミュニケーション）,環境制御などを行う取組みも多く研究されている.たとえば,2009年にトヨタ自動車は両手足の動きをイメージすることにより電動車いすを動作させることに成功した.同年,ホンダは脳波や脳血流により二足歩行ロボット「ASIMO」の動作制御に成功している.また,神経に刺激パルスを与える筋制御も検討されている.これらにより障害者の自己表現（創作）,遊びのみならず,通信（コミュニケーション,予約,買い物）や就労（在宅可能）の可能性も広がりつつある.

参 考 文 献

1) 内閣府 平成28年版高齢社会白書；
http://www8.cao.go.jp/kourei/whitepaper/w-2016/html/zenbun/s1_1_1.html
2) 斉藤 一・遠藤幸男：「高齢者の労働能力」,労働科学叢書53,労働科学研究所 （1982）.
3) 西田由紀子：「高齢期における知能の加齢変化」,公益財団法人 長寿科学振興財団発行機関誌, Aging & Health, No.79 （2016）.
4) 国立長寿医療研究センター・NILS-LSA活用研究室：加齢にともなって成熟していく,知的な能力とは （2016）；
http://www.ncgg.go.jp/cgss/department/ep/topics/topics_edit04.html
5) 人間生活工学研究センター：高齢者身体機能データベース；
http://www.hql.jp/project/funcdb1993/
6) 人間生活工学研究センター：高齢者に使いやすい製品とやさしい空間をつくるために—設計のデータ集—.

Lecture.10 ユニバーサルデザイン

10.1 より多様な人々への対応を目指して

われわれの社会は，子供，大人，若者，高齢者，障害をもった人，健康な人，病人，男性，女性など，実に多様な人々から成り立っている．人にとって便利さを追求してきた人間工学も，どちらかといえば健康な成人にその視点を向けてきたきらいがある．しかし，高齢者が多くを占める高齢社会や，障害をもった人々あるいは社会的弱者の権利を尊重するような社会の成熟化によって〔アメリカ障害者法（ADA法）など〕，これらの人々も含めたより多様な人々にとって暮らしやすい社会，製品，サービス，環境を求めることが当たり前になってきている．これらの考え方の流れを示したのが図10.1である．

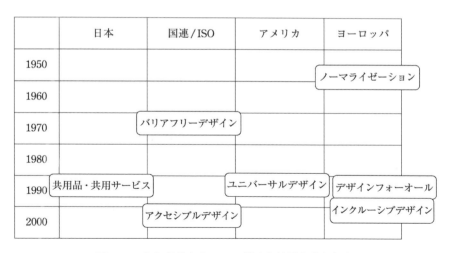

図 10.1　より多様な人々への対応を目指す考え方[3]

Lecture.10　ユニバーサルデザイン

10.1.1　ノーマライゼーション（normalization）：〔福祉施策〕

　心身の障害があっても，特別視せず，基本的には普通の人と同じく平等に接し，同時にその生活条件も同じくなるように努めていくという考え方を**ノーマライゼーション**という．バンク・ミケルセン（スウェーデン）が，1959 年に知的障害者の社会的受入推進の中で用いた言葉であり，現在では福祉政策に対する基本的考え方である．バンク・ミケルセンは，「ノーマリゼーションは，ヒューマニゼーションである」，「障害は，ハンディキャップではあってもアブノーマル（異常）ではない」，「異常とは，人間がつくるものである」と，社会の意識変革を求めた．

10.1.2　バリアフリー（barrier free）：〔空間的施策〕

　バリアフリーは，障害者が生活するうえで行動の妨げになる障壁（バリア）を取り去った障害者にやさしい生活空間のあり方を求めるものである．ここでは，物理的障害だけでなく，心理的・制度的障害に対しても考えられるべきとしている．たとえば，バリアフリーデザイン（障壁のない設計）には，都市計画，道路，乗り物，住居，器具，段差，寸法，位置，表示，移動，使い勝手などが含まれ，個人的には自立，社会的には融合・開放が意図される．

10.1.3　ユニバーサルデザイン（universal design）

　ユニバーサルデザインとは，すべての人が可能な限り最大限まで利用できるように配慮された製品や環境のデザインと定義され，1989 年にロナルド・メイス（アメリカ）が提唱した．この背景には，法律（ADA 法）だけでは十分ではなく，誰もが使いやすいモノづくりを推進すべきとの思いがあったといわれる[1]．

10.1.4　共用品・共用サービス

　共用品・共用サービスとは，身体的な特性や障害に関わりなく，より多くの人々がともに利用しやすい製品・施設・サービスと定義され，日本の市民団体「E&C プロジェクト」〔現在（財）共用品推進機構〕が提唱した．その活躍は，日本のこの分野の推進に大きな役割をもち，日本主導の国際規格「ISO/IEC ガ

152

イド 71」（2001 年）およびその日本版 JIS Z 8071「高齢者及び障害のある人々のニーズに対応した規格作成配慮指針」（2003 年）につながった[2].

10.1.5　アクセシブルデザイン

アクセシブルデザインは，製品や建物やサービスを，障害をもった人にも受け入れやすく，利用しやすく拡張することにより，市場拡大にも留意したデザインとされ，ISO が「ISO/IEC ガイド 71」をつくる際に採用された用語[3]である．より現実的な対応を目指したもので，これはユニバーサルデザインに包含される．

10.1.6　インクルーシブデザイン

インクルーシブデザインは，これまでの製品やサービスの対象から無自覚に排除（exclude）されてきた個人を設計や開発の初期段階から積極的に巻き込み（include），対話や観察から得た気づきをもとに，一般的に手に入れやすく，使いやすく，魅力的な，他者にも嬉しいものを新しく生み出すデザイン手法である．これは，最初からすべての人を想定することの難しさを克服するため，ただ 1 人の個人に徹底的に向き合うことからデザインを始める点が特徴的である．しかし，多様なユーザーニーズは，研究者の想定をはるかに超えて複雑である．

10.2 ユニバーサルデザイン普及の背景・意義

ユニバーサルデザイン普及の背景・意義として，以下が挙げられる．

① 公平性，多様性を尊重する社会情勢
　 ADA 法（アメリカ障害者法）など，差別撤廃，人権意識の普及
② 高度技術化社会に対する抵抗
　 人間中心主義，人間に合わせた機械
③ 高齢化社会
　 急速な高齢化，ユーザー市場の拡大

Lecture.10　ユニバーサルデザイン

④　企業の社会的責任とイメージアップ

企業の社会的責任として取り組む必要があるとの認識が普及

⑤　新商品開発・市場拡大へのチャンス

特殊ニーズが一般ニーズを開拓（リモコン，温水洗浄便器）

⑥　社会負担認識

福祉対象者の社会参加→社会の活性化，社会負担の低減

10.3 ユニバーサルデザインの原則

ユニバーサルデザインの原則として，以下の三つを示す．

①　ユニバーサルデザインの 7 原則（ユニバーサルデザインセンター）

②　実践ガイドライン 12 原則（日本人間工学会）

③　共用品・共用サービスの 5 原則（共用品推進機構）

以下に，それぞれの原則を紹介する．

①　ユニバーサルデザインの 7 原則
- 原則 1：誰にでも公平に利用できること
- 原則 2：使ううえで自由度が高いこと
- 原則 3：使い方が簡単ですぐわかること
- 原則 4：必要な情報がすぐに理解できること
- 原則 5：うっかりミスや危険につながらないデザインであること
- 原則 6：無理な姿勢をとることなく，少ない力でも楽に使用できること
- 原則 7：アクセスしやすいスペースと寸法を確保すること

②　実践ガイドラインユニバーサルデザイン 12 原則

A．操作性
- 情報入手が容易であること
- わかりやすいこと
- 心身の負担が少ないこと
- 安全であること

154

- メンテナンスを配慮していること

B. 有用性

- 妥当な価格であること
- エコロジーを考慮していること
- 機能が必要充分であること
- 性能が必要充分であること

C. 魅力性

- 美しいこと
- 使うのが楽しいこと
- 所有したいと感じさせること

③ 共用品・共用サービスの定義と5原則

　共用品・共用サービスの定義は，身体的な特性や障害に関わりなく，より多くの人々がともに利用しやすい製品・施設・サービスを示しており，以下の五つの原則がある.

- 原則1：多様な人々の身体・知覚特性に対応しやすい
- 原則2：視覚・聴覚・触覚など複数の方法により，わかりやすくコミュニケーションができる
- 原則3：直感的でわかりやすく，心理的負担が少なく操作・利用ができる
- 原則4：弱い力で扱える，移動・接近が楽など，身体的負担が少なく利用しやすい.
- 原則5：素材・構造・機能・手順・環境などが配慮され安全に利用できる.

10.4 ユニバーサルデザインの手法

　手法として，**ユニバーサルデザイン実践ガイドライン**（日本人間工学会）を取り上げる. これは,ユニバーサルデザインに基づいた製品設計を行ううえで，誰でもデザイン現場で効果的に使えるUDマトリックスを核とする設計支援ツールである.

Lecture.10　ユニバーサルデザイン

　図 10.2 に，UD マトリックス（携帯電話の例）を示す[4]．これは，行に UD 公平性を構成する 12 原則，列にユーザグループを入れることにより，行列交点に設計項目が論理的に浮かび出るものである．ユニバーサルデザイン実践ガイドラインの Web サイト[4]には，基本フォーマットや ATM，ノートブック PC などの例も示されている．

Universal Design Matrix				製品名	携帯電話		使用環境： 室内、屋外、移動中	
商品の 3側面	UD原則	基本タスク	個別タスク	ユーザグループ（視覚機能・聴覚機能・運動機能・体格・認知機能・その他の機能・デモグラフィ				
				特別な配慮を必要としない ユーザ	視覚機能を配慮すべき ユーザ	聴覚機能を配慮すべき ユーザ	運動機能を配慮す ユーザ	
操作性 使えること	1.情報入手が 容易であること 2.分かりやすいこと 3.心身の負担が小さいこと 4.安全であること 5.メンテナンスを配慮すること	準備 ↓ 作業開始 ↓ 情報入手 ↓ 認知・判断・理解 ↓ 操作 ↓ 作業完了 ↓ フォロー・メンテナンス	携帯する	●小型、軽量			●携帯していて重	
			取り出す		●視覚に頼らずに機器のある場所がわかる ●誤って触っても誤動作を起こさない		●片手でも取り出 ●握りやすい形状いる	
			（開く）	●簡単に開けられる	●視覚に頼らずに開くことができる		●片手でも開くこと ●弱い力でもあけ	
			（電源を入れる）		●違うところを触っても誤操作にならない ●視覚に頼らず電源を入れられる		●右手でも左手で入れられる	
			状態を確認する		●視覚に頼らず状態を知ることができる ●視覚が弱くても状態を確認できる	●聴覚に頼らず状態を知ることができる	●手指の機能に頼態を確認できる	
			入力する	●早く入力できる	●視覚に頼らず入力できる ●視力が弱くても入力できる ●入力に対し視覚以外のフィードバックがある	●入力に対し聴覚以外のフィードバックがある	●手指の機能に頼力ができる	
			メニューを選ぶ		●視力が弱くてもメニューが選べる ●視覚に頼らず選んだメニューが分かる		●手指の機能に頼ニューを選べる	
			会話する	●快適に対話できる	●視覚に頼らず会話することができる	●聴覚に頼らず会話ができる	●手指の機能に頼話ができる ●発話の障害に頼話ができる	
			（たたむ） しまう		●視覚に頼らずにたたむことができる		●手指の機能に頼たむことが可能 ●弱い力でもたた可能	
			充電する	●安全に充電できる	●視覚に頼らず安全に充電が可能		●手指の機能に頼電が可能	
			清掃する		●視覚に頼らず清掃が可能		●手指の機能に頼掃が可能	
有用性 役に立つこと	1.妥当な価格 2.エコロジー 3.機能 4.性能			●使用者に合わせたモード調節などの機能がついている ●誤動作などの心配がなく、安心して使用できる				
魅力性 ひきつけること	1.楽しい 2.使うのが楽しい 3.所有していたい			●安心して使用できるようなイメージがある ●魅力を感じる画面デザインである ●音声案内や、アラーム音が不快でない				

図 10.2　UD マトリックスの例（携帯電話）[4]

10.5 ユニバーサルデザインの例

10.5.1　誰にでも公平に利用できること

　この例としては，自動ドアが挙げられる．また，最近は乳幼児用のトイレブースやベビーシートが男子トイレにも設置されている．さらに，急須やはさみ，カッタなどの左利き右利き両用品も挙げられる．

10.5.2　使ううえで自由度が高いこと

　寸法・位置の選択・調節の自由度として，高さの違う券売機や洗面台，シャワーノズル付きの洗面台などが挙げられる．また，複数の手段によるものとして，携帯電話が振動や光や音で着信を知らせてくれること，階段のそばにあるスロープ，アルコール飲料などに見られる点字表記などが挙げられる．さらに，オートマティック自動車のシフトレバーは精度からの自由であり，携帯電話は環境からの自由を与えているといえる．

10.5.3　使い方が簡単ですぐわかること，
　　　　　必要な情報がすぐに理解できること

　大きい文字の電話や携帯電話，リモコンなどが登場している．また，電子レンジもボタンを減らし，最小限度のダイヤルと切替えのみのインタフェースのものも増えている．スティック糊も色つき糊があり，塗った位置がはっきりわかり，手を汚さず糊づけできる工夫がなされている．

10.5.4　うっかりミスや危険につながらないデザインであること

　これは，信頼性設計において述べた「アフォーダンス」，「フールプルーフ」，「フェイルセイフ」，「フェイルストップ」を考慮するとよい．

10.5.5　無理な姿勢をとることなく，
　　　　　少ない力でも楽に使用できること

　近頃増えてきた低床バスが挙げられる．また，薬，醤油やたれが入っている

Lecture.10　ユニバーサルデザイン

小袋が簡単に開けやすくなっている（簡易開封技術）．さらに，冷蔵庫も触れる
だけでドアが開くものや，足を車の下に差し入れるとドアが開く自動車もある．

10.5.6　アクセスしやすいスペースと寸法

　バスや待合室で見られる車いすが入れる座席や車いすが通れる改札がこれに
当たる．また，ユニバーサルデザインを前面に打ち出した自動車「ラウム」（ト
ヨタ）は，2003 年にグットデザイン・ユニバーサルデザイン賞を受賞した．い
までは多くの車で取り入れられているが，前席と後席のセンターピラーをなく
し乗り込みやすくなっている．

参 考 文 献

1)　ユニバーサルデザイン研究会編：人間工学とユニバーサルデザイン，日本工業出版(2008).
2)　共用品推進機構編：ISO/IEC ガイド 71 徹底活用法，日本経済新聞社（2002).
3)　星川安之，佐川　賢：より多くの人が使いやすいアクセシブルデザイン入門.
4)　ユニバーサルデザイン実践ガイド：https://www.ergo-design.org/ud_guide.htm

あ　と　が　き

　「人間工学」は人間にとって適切なものづくりをめざすのであるが,「人間にとって適切な」という言葉の内容は深いものがある. そこには, 人間の生き方, 在り方を問うという課題も含まれる. その意味では,「人間工学」は広くいえば, 一つの「ものづくり文化」ともいえる. 人間とモノづくりは大きな曲がり角に来ているように見える. 国連により提唱されている「持続可能な開発目標（SDGs: Sustainable Development Goals)」が国際社会で広く求められている. 現代は, ものづくりの前に, 何のためにものを作るのかが広く, 深く, 問われているといえよう.

　今後の製品開発や設計に「人間工学」的見地が必須であることを是非とも認識してほしいと願ってやまない.

　最後に, 多くの著作物を引用させていただいたことに深く謝意を表したい.

著者

索　引

英　字

PET ································· 34
SD 法 ······························ 118

ア　行

青色 ································ 77
赤緑色覚障害者 ······················ 78
アクセシブルデザイン ···················· 153
アクティブノイズコントロール ··············· 137
アフォーダンス ························ 111
安全文化 ··························· 104
意識レベル ·························· 103
椅子 ······························ 54
位置対応 ··························· 63
色 ······························· 76
色と心理・生理 ······················· 76
色による心理的重さ ···················· 78
色による連想と安全色 ··················· 77
インクルーシブデザイン ·················· 153
ウェーブレット解析 ····················· 123
エネルギー代謝率 ······················ 50
音の大きさ ·························· 20
音の心理的 3 要素 ····················· 20
音の高さ ··························· 22
オブジェクト・エンハンスメント ············· 74

音響情報 ··························· 79
音像定位 ··························· 20

カ　行

快適性 ···························· 136
蝸牛 ······························ 19
覚醒レベル ······················ 103, 134
数え上げ ··························· 90
感覚器 ···························· 16
感覚記憶 ··························· 86
眼球 ······························ 16
感性工学 ··························· 123
官能評価 ··························· 117
記憶 ······························ 86
機能的磁気共鳴画像 ···················· 35
機能配分 ···························· 9
ギャップ効果 ························· 17
共用品・共用サービス ··················· 152
計数反応時間 ························· 90
欠陥樹木分析 ························ 113
結晶性知能 ························· 143
言語情報 ··························· 79
交通事故 ··························· 132
高度技術化社会 ························ 2
高度デジタル工場 ······················ 13
高齢者の機能変化 ····················· 145

161

高齢者の特性 ……………………143	身長分布 …………………………39
ゴールデンサイズ ………………43	振動モデル ………………………84
	心拍変動解析 ……………………30
サ　行	新皮質 ……………………………26
	信頼性設計 …………102, 106, 111
作業研究 …………………………14	心理音響指標 ……………………123
作業台の高さ ……………………59	心理検査 …………………………118
サッケード ………………………16	スクワイヤーズの通常作業域 ……59
サビタイジング …………………90	正規分布 …………………………44
ジェロントロジー ………………149	生体反応 …………………………10
視覚 …………………………16, 69	設備寸法 …………………………45
視覚システム ……………………69	閃光遅延現象 ……………………91
視覚特性 …………………………70	操作器 ……………………………61
視覚表示器 ………………………70	操作力 ……………………………57
色彩設計 …………………………78	
刺激出現の予期 …………………93	**タ　行**
事故 ………………………………98	
姿勢 ………………………………49	対応整合性 ………………………63
自動運転技術 …………………2, 139	多数決方式 ………………………110
自動車の安全技術 ………………133	短期記憶 …………………………86
自動車の課題 ……………………131	知覚受容器 ………………………82
視野と弁別能力 …………………70	力の出しやすい方向や向き ………55
情動 ………………………………30	中枢神経 …………………………26
衝突安全技術 ……………………133	聴覚 ………………………………19
商品テスト ………………………5	聴覚表示器 ………………………79
情報受容特性 ……………………70	長期記憶 …………………………87
情報量 ……………………………89	超高齢社会 ………………………141
自律神経 …………………………30	直列系 ……………………………106
神経系 ……………………………26	使いやすさ ………………………3
信号音 ……………………………79	デッドマンシステム ……………113
身体寸法 …………………………39	動体視力 …………………………70

索　引

等ラウドネス曲線 ……………………… 20
ドライバーステータスモニタリング ……133

ナ　行

人間工学 ………………………………… 3
音色 ……………………………………… 23
脳幹・脊髄系 …………………………… 26
脳磁界計測 ……………………………… 35
脳電図 …………………………………… 34
ノーマライゼーション ………………… 152

ハ　行

パーセンタイル ………………………… 44
バリアフリー …………………………… 152
反応時間 …………………………… 86, 92
光受容体 ………………………………… 16
ヒューマンエラー ……………………… 97
ヒューマンエラーの防止策 …………… 102
評定尺度法 ……………………………… 118
疲労 ……………………………………… 51
ファッション …………………………… 17
フールプルーフ ………………………… 111
フェイルストップ ……………………… 112
フェイルセイフ ………………………… 112
不快レベル ……………………………… 81
負のプライミング ……………………… 92
ブラックボックス化 …………………… 11

並列系 …………………………………… 106
並列直列方式 …………………………… 108
方向対応 ………………………………… 63
方向別操作力 …………………………… 57

マ　行

マガーク効果 …………………………… 25
マジカルナンバー ……………………… 87
末梢神経 ………………………………… 26
マルチモーダル ………………………… 25
マルチン（martin）式測定法 ………… 39
マンマシン・インタフェース ………… 10
ミッシングファンダメンタル ………… 23
モスキート音 …………………………… 147

ヤ　行

ユニバーサルデザイン ……………… 4, 152
ユニバーサルデザイン実践ガイドライン
　　　…………………………………… 155
陽電子放出断層撮影 …………………… 34
予防安全技術 …………………………… 133

ラ　行

立体化 …………………………………… 17
流動性知能 ……………………………… 143
レジリエンス・エンジニアリング …… 105

163

人間工学の基礎 © 石光俊介・佐藤秀紀　2018

2018 年 8 月 21 日	第 1 版第 1 刷発行
2023 年 8 月 25 日	第 1 版第 3 刷発行

著 作 者　石光俊介
　　　　　佐藤秀紀

発 行 者　及川雅司

発 行 所　株式会社 養賢堂　〒113-0033
　　　　　　　　　　　　　東京都文京区本郷 5 丁目 30 番 15 号
　　　　　　　　　　　　　電話 03-3814-0911／FAX 03-3812-2615
　　　　　　　　　　　　　https://www.yokendo.com/

印刷・製本：新日本印刷株式会社　　用紙：竹尾
　　　　　　　　　　　　　　　　　本文：淡クリームキンマリ・46.5kg
　　　　　　　　　　　　　　　　　表紙：タント S 7 ・130kg

PRINTED IN JAPAN　　　　　ISBN 978-4-8425-0569-5　C3053

JCOPY ＜出版者著作権管理機構 委託出版物＞
本書の無断複製は著作権法上での例外を除き禁じられています。複製され
る場合は、そのつど事前に、出版者著作権管理機構の許諾を得てください。
（電話 03-5244-5088、FAX 03-5244-5089／e-mail: info@jcopy.or.jp）